I0471645

¿Por qué no comprendes ni la relatividad ni la física cuántica?

(Segunda edición)

El modelo estándar de partículas a la luz de la relatividad

Jorge Aymerich Humet

Jorge Aymerich

Primera edición: septiembre 2015

Segunda edición: septiembre 2018

¿Por qué no comprendes ni la relatividad ni la física cuántica? (Segunda

Para mi familia, gracias por su apoyo.

Jorge Aymerich

Índice

1. PRÓLOGO A LA SEGUNDA EDICIÓN.

Tres años es un periodo de tiempo suficientemente largo para reflexionar y madurar algunas de las ideas que se exponen en el libro, lo que hacía necesario una revisión completa del texto para mejorar la calidad de la redacción, bajar al detalle en algunas descripciones que no quedaban suficientemente explícitas y a partir de todo ello reorganizar la estructura del libro para facilitar la comprensión de los conceptos.

He cambiado el orden de la descripción del modelo estándar, después de reconocer que es imposible empezar por las partículas sin conocer las fuerzas o al revés. Al final, la decisión salomónica que ya intuía en la primera edición, pero que se me ha hecho evidente en ésta, es que la mejor manera de comprender el modelo estándar es describirlo de forma circular, incorporando cada vez nuevos elementos que aportan coherencia y mayor comprensión del mismo. Quizás no esté de más releer el libro una segunda vez, para validar la comprensión de los cálculos y de las ideas que se expresan.

Mientras que en la primera edición decidí, probablemente de forma errónea, que el quark permitía introducir todas las fuerzas a la vez, para seguidamente ir descubriendo partículas más simples, en esta edición he empezado por los neutrinos, luego los electrones y luego los quarks, para poder ir desgranando las fuerzas a partir de ellos, hasta la interacción débil, que es la más universal y probablemente la menos comprendida por el lector simplemente interesado.

Algunas propuestas originales respecto a la narración clásica de la relatividad son que considero la imposibilidad de viajar a mayor velocidad que la de la luz un problema de medición, pero no un problema real, lo que me lleva a permitir los viajes en el tiempo. También la descripción de la aceleración como una curva no en el espacio-tiempo, sino directamente en la flecha del tiempo y también reviso los conos de luz como una descripción apropiada de la causalidad.

Las propuestas más importantes, no todas, sobe el modelo estándar consisten en reconocer por ejemplo que, si el quark *down* decae en el quark *up*, uno de los dos no es una partícula elemental y que a partir de las simetrías entre ambos podemos establecer equivalencias entre las fuerzas. Otra propuesta es la descripción de la fuerza débil como resultado del arrastre del paso del tiempo. Una aportación original es asociar los tres colores de la fuerza nuclear fuerte a las tres dimensiones del espacio. En conjunto, el modelo estándar se simplifica si comprendemos la relación que hay entre cinco dimensiones del universo (recupero de alguna forma el modelo de Kaluza-Klein), las fuerzas y las propiedades de las partículas.

Los resultados de los cálculos de algunas fórmulas son fácilmente reproducibles sobre una hoja de cálculo, que es la herramienta que he usado para hacerlos yo mismo. Recomiendo al lector reproducirlos para comprender mejor la argumentación.

La mayoría de lo que se describe aquí puede leerse como una descripción de divulgación de la relatividad y el modelo estándar y he intentado hasta donde conozco no contradecir los hechos establecidos, pero quizás la mejor aproximación a la lectura del libro es considerar esta descripción de la estructura última del universo como una narración libre y visual de la física moderna. Un intento de proporcionar sentido común y simplificar estas dos teorías que se resisten con fuerza a ello.

En esta edición he desarrollado la justificación termodinámica de las cinco dimensiones del universo y la interpretación de Yul Gonçalves de la proporción de materia y energía oscuras. Quizás la única aportación estimulante de fuera del ecosistema de los físicos.

Uno de los motivos que me ha llevado a revisar el texto es el éxito sostenido que ha mantenido el libro en Amazon a lo largo de estos tres años. Valía la pena mejorarlo y premiar a los lectores que ya lo han adquirido con estas mejoras.

2. PRÓLOGO.

Este libro es una propuesta de justificación y simplificación del modelo estándar de la física de partículas a partir de la teoría de la relatividad.

La teoría de la relatividad y el modelo estándar de la física de partículas se describen en este libro como resultado de curvaturas y rotaciones no del espacio-tiempo absolutos, sino entre el sistema de referencia medido y el sistema de referencia del experimentador, lo que lleva a una mejor comprensión y simplificación del modelo actual, su justificación y también a inspirar a una nueva perspectiva.

El lector debe tener algún conocimiento acerca de la relatividad y el modelo estándar, al menos a nivel de aficionado, ya que el propósito de este libro no es la justificación de los descubrimientos históricos y sus protagonistas, sino dar un paradigma ligeramente distinto del que ahora se conoce. Debo excusarme por no nombrar a casi nadie de los creadores de la física moderna, pero diré en mi defensa que ya hay gran cantidad de libros que se refugian en la historia y sus protagonistas para dar sentido y repetir los mismos conceptos bajo las mismas premisas una y otra vez, así los experimentos mentales con los trenes, los ascensores, los relojes, los gemelos, etc. En lo que sigue intento aportar algo de originalidad a riesgo de equivocarme.

Aunque no puede ser fácil, evito las fórmulas y los números complejos que están en la base del modelo y me centro en los conceptos, en un intento de mostrar el bosque oculto tras los árboles. Pero, como busco una justificación sencilla del modelo, es accesible a cualquier persona que tenga la curiosidad, y un poco de paciencia, de conocer la arquitectura más profunda del universo.

Esta propuesta narra los mismos hechos conocidos de una manera diferente, apuntando soluciones a los problemas más preocupantes de la física moderna, sugiriendo dónde están las respuestas y todo ello respetando más de un centenar de años de resultados experimentales. No están las respuestas porque no es un libro de matemática, pero sí señala dónde pueden estar.

Las consecuencias de este paradigma apuntan a un universo hiper-determinista: la relatividad de la flecha del tiempo, la relatividad de la causalidad y también la posibilidad de viajar en el tiempo muestran un universo real inaccesible del que observamos una proyección con menos dimensiones. Desde dentro nunca será completo ni determinista, pero sugiere que puede estar ya escrito con una onda que avanza e ilumina el presente de cada objeto.

En la introducción que sigue a este prólogo se da un repaso básico a la mecánica clásica y la gravitación según Newton, los cambios que introdujo Einstein y por último, las piezas que componen la materia de mayor a menor. Es un inventario de las ideas y los objetos que se van a desarrollar.

En el capítulo siguiente se describen el movimiento, la velocidad, la aceleración y las mediciones que obtiene un sujeto de un objeto en movimiento. Calcularemos y comprenderemos los efectos relativistas sobre la masa, el tiempo y la longitud. Por último, se verán las implicaciones de que la gravedad sea equivalente a la aceleración.

Los capítulos cinco y seis enumeran algunos de los problemas que tiene la física hoy para comprender el universo, su origen,

Jorge Aymerich

las partículas y sus interacciones.

El capítulo siete introduce el universo como un espacio de cinco dimensiones: tres dimensiones espaciales x, y, z, una dimensión imaginaria t y por último una dimensión oculta u en el que las curvaturas definen las fuerzas y las interacciones.

En el capítulo ocho describiremos visualmente cada una de las partículas elementales fundamentales del modelo estándar, sus propiedades y sus interacciones a las que añadiremos sus sabores y sus antipartículas. Veremos la manera en que se unen para formar partículas compuestas y cómo se transforman entre ellas.

En los capítulos nueve y diez reflexionaremos sobre algunas de las implicaciones de esta visión sobre los problemas de la física enumerados anteriormente como los de la materia y la energía oscura.

3. INTRODUCCIÓN.

En este capítulo vamos a introducir la estructura de la materia y las fuerzas que actúan sobre ella sin pretender comprender lo que son. La anatomía de los elementos básicos del universo.

La física actual explica el mundo mediante dos grandes teorías. Una es la relatividad que describe el movimiento y la fuerza de la gravedad y la otra es la teoría cuántica que describe los ladrillos con los que está construido el universo y sus interacciones.

En primer lugar, veremos las leyes del movimiento según Newton y luego las modificaciones que introdujo Einstein.

Newton reunió en tres leyes la descripción del movimiento de los objetos, que permiten predecir dónde estará un objeto al cabo de un tiempo sabiendo dónde está ahora y lo que sucede con él:

La primera ley es la ley de la inercia, que dice que, si no se aplica ninguna fuerza, todo cuerpo sigue en reposo o en movimiento uniforme rectilíneo.

La segunda ley de Newton es la ley de la aceleración, que dice que la aceleración obtenida por un objeto es proporcional a la fuerza que se aplica sobre él.

Por último, la tercera ley es el principio de acción y reacción, que establece que, cuando un objeto aplica una fuerza sobre otro objeto, éste devuelve la misma fuerza en sentido contrario sobre el primero.

Estas tres leyes explican de forma matemática lo que sucede cuando dos objetos chocan o simplemente están en reposo o en movimiento.

Pero Newton amplió estas tres leyes del movimiento con la ley de la gravitación universal, para explicar que las manzanas caen debido a una fuerza 'misteriosa' sin que aparentemente nadie las empuje. A diferencia de las leyes anteriores, aquí describe una acción a distancia entre dos objetos que quizás no se tocan. Una interacción rara, extraña, pero la tenemos tan asumida en nuestra vida cotidiana, que no le damos la más mínima importancia.

Newton unificó en la ley de la gravitación universal la fuerza que acelera una manzana hacia el suelo y la fuerza que mantiene unidos la Tierra al Sol o la luna a la Tierra, estableciendo lo siguiente: la fuerza de atracción entre dos objetos separados por una distancia r es proporcional al producto de sus masas e inversamente proporcional al cuadrado de la distancia entre ellos.

Esta última ley describe una fuerza mágica y las otras tres leyes predicen la aceleración o el cambio de movimiento resultante. Es mágica en el sentido de que no hay ninguna justificación razonable para la gravedad. Las otras leyes, y en general las leyes físicas, acaban siendo de sentido común y permiten desarrollar múltiples artefactos como los engranajes, las poleas, las palancas, los molinos, las velas, las tuberías, o describir los choques de las bolas de billar, el disparo de una bala de cañón, etc., que se comportan como uno esperaría.

Cuanta más masa tienen los dos objetos, con más fuerza se atraen y cuanta más lejos están, con menos fuerza. Si la masa de los cuerpos es el doble, la fuerza se duplica y si la distancia es el doble, entonces la fuerza se divide por cuatro (el cuadrado de dos). La fuerza se diluye con el cuadrado de la distancia porque su intensidad se 'distribuye' igual que crece la superficie de un globo que se hincha, en lo que se llama la ley de la inversa del cuadrado.

Una consecuencia de estas leyes es que las velocidades de los objetos se pueden sumar. Si, por ejemplo, en un tren a cien kilómetros por hora Ana tira una pelota hacia delante a diez por hora, entonces Benito desde el andén ve que la pelota va a 110 kilómetros por hora.

Pero las cosas se complicaron cuando se descubrió con certeza que la luz siempre viaja en el vacío a la misma velocidad para cualquier observador, para Ana en el tren y también para Benito en el andén. Michelson y Morley demostraron que la velocidad de la Tierra no se suma, ni se resta, a la velocidad de la luz en ninguna dirección. La luz tarda lo mismo en recorrer una distancia cuando se mueve en la dirección del movimiento de la Tierra, que cuando se mueve en contra o en cualquier otra dirección. Esto se presumía porque las fórmulas de Maxwell, que describen el electromagnetismo y concretamente la luz, lo predecían, pero resultaba extraño. Michelson y Morley idearon este experimento para falsar la ley de Maxwell y demostrar que existe un éter quieto a través del cual se mueven los cuerpos, pero el éter no apareció y tuvo que ser descartado y las leyes de Maxwell salieron reforzadas. Einstein propuso entonces la teoría de la relatividad especial y poco después, con lo que volvió a emular y a superar a Newton, la teoría de la relatividad general que generalizaba su ley de la gravedad

La teoría de la relatividad especial reconoce que la luz se desplaza en el vacío a la misma velocidad para todos los observadores y esta velocidad es la mayor velocidad que puede alcanzar cualquier objeto. La consecuencia es que, lo veremos con más detalle más adelante, con el movimiento el tiempo se frena, las longitudes se acortan y también la masa aumenta. A velocidades normales cambian de forma imperceptible, pero al acercarnos a la velocidad de la luz lo hacen de forma significativa.

Jorge Aymerich

La teoría de la relatividad general, para explicar la gravedad, establece que la materia curva el espacio-tiempo a su alrededor de forma que dos masas tienden a aproximarse e incluso los rayos de luz se doblan ligeramente al pasar cerca de una gran masa.

Para las velocidades de nuestra experiencia cotidiana, las leyes de Newton y las de Einstein dicen casi lo mismo, pero al acercarnos a la velocidad de la luz, la ley de Einstein se ajusta a la observación y la de Newton falla.

Con estas leyes se predice perfectamente el movimiento, aunque sacrifiquemos el sentido común de las leyes de Newton. Doblar el espacio-tiempo para describir que la luz de una linterna encendida dentro de un tren tiene la misma velocidad para la pasajera Ana que para el observador Benito del andén, funciona, pero cuesta de asimilar. Convertir la gravedad en una deformación del espacio-tiempo, funciona, pero volvemos a preguntar ¿de qué manera?

Dejamos ahora las leyes del movimiento y la ley de la gravedad y vamos al otro extremo, pasando de las leyes que gobiernan lo muy grande –las estrellas, el sistema solar, los agujeros negros– a las leyes de lo más pequeño: la materia está formada por pequeñas piezas que podrían disponerse en infinitas combinaciones, pero sólo algunas de ellas se observan y son suficientemente estables en el tiempo para ser detectadas. Además, los objetos encajan entre ellos como un juego de muñecas rusas, en el sentido de que forma sucesivas capas de objetos y reglas, unas dentro de las otras. La capa más interna de todas es el modelo estándar que describe las partículas elementales y sus interacciones.

Al igual que sin la gravedad la materia estaría dispersa por el universo sin agruparse para formar objetos masivos como las galaxias, las estrellas, los planetas, los agujeros negros, etc., existen otras tres fuerzas que agrupan la energía formando objetos. Como la gravedad, tres fuerzas que escapan al sentido común. Imaginemos que las dimensiones del universo pueden vibrar haciendo sonar cualquier nota, pero determinadas combinaciones de notas se ensamblan, encajan, son armónicas y resuenan mientras que otras se anulan, se destruyen. El universo continuo se convierte en discreto y gracias a ello se construyen todos los objetos que existen.

Vamos a describir, de una forma simple quizás burda pero suficiente, las distintas capas de nuestro juego de muñecas, empezando por fuera hasta llegar al modelo estándar. La materia que conocemos es habitualmente una mezcla de sustancias unidas por fuerzas como la gravedad, la tensión superficial o fuerzas electrostáticas que derivan de la fuerza electromagnética (la veremos más adelante).

Los ladrillos de las mezclas son las distintas moléculas. Las moléculas constituyen las sustancias como el agua pura (H_2O), la sal (cloruro sódico), el ADN (ácido desoxirribonucleico), la glucosa, el metano o el oxígeno (O_2).

Los ladrillos de las moléculas son los átomos y la fuerza que los une se llama enlace químico. Hay infinitas combinaciones de átomos formando moléculas, desde la molécula más simple que es la del hidrógeno (H_2) con dos átomos, hasta el ADN formado por millones de átomos. El enlace químico es una manifestación distinta de la misma fuerza electromagnética. Los enlaces químicos se establecen entre átomos que se roban (enlace iónico) o comparten individualmente (enlace covalente) o entre muchos (enlace metálico) los electrones de la capa exterior buscando configuraciones 'valle' de energía. Mejor juntos que separados, si hay oportunidad.

Los átomos están formados por núcleos positivos 'neutralizados' con electrones negativos, sometidos a la misma fuerza electromagnética. Los núcleos son miles de veces más pesados que los electrones y determinan las propiedades físicas de cada átomo. Los electrones exteriores de la capa de valencia determinan las propiedades químicas del átomo (sus enlaces para formar moléculas).

Sólo hay poco más de un centenar (118) de átomos distintos, combinaciones de núcleos con sus electrones, que se organizan en la tabla periódica y se llaman elementos.

El primer elemento es el hidrógeno que tiene un protón. El siguiente elemento es el helio que tiene dos protones, el siguiente es el litio con tres, hasta los 118.

Cada uno de los átomos de los distintos elementos tiene el mismo número de electrones que de protones, para ser neutros. Los protones están en el núcleo y los electrones alrededor a una distancia aproximadamente diez mil veces mayor que el radio del núcleo. Si el núcleo tuviese el diámetro de un palmo (20 cm), entonces los electrones estarían a 200.000 centímetros, es decir 2 kilómetros. En medio no hay nada.

Aparte del hidrógeno que sólo tiene un protón en el núcleo, los protones del núcleo de todos los demás átomos de la tabla periódica se repelerían con gran intensidad, pero entre ellos se interponen los neutrones que les permiten seguir unidos. En general el número de neutrones de un átomo coincide con el de protones, pero no tiene por qué ser así. Las cargas eléctricas son muy intensas y tienen que compensarse, pero los neutrones no la sienten, así que pueden existir del mismo elemento varios isótopos según el número de neutrones en el núcleo.

Los isótopos del hidrógeno son el deuterio y el tritio con uno y con dos neutrones en el núcleo, aparte del protón. El carbono debería tener seis neutrones, pero no siempre es así. En general los isótopos no tienen nombre propio, sino que se nombra su peso, que indica el número de protones y neutrones del núcleo.

El número atómico es el número de orden, que es el número de protones y el peso es aproximadamente el doble por los neutrones. Los electrones no se tienen en cuenta porque 1872 electrones pesan lo mismo que un protón o un neutrón y pocos átomos pasan del centenar de electrones.

Tenemos así que toda la materia del universo se construye con un centenar de átomos que se construyen ordenadamente, a su vez, añadiendo un protón, con su neutrón y su electrón formando la tabla periódica. En la naturaleza las reacciones atómicas no son así, sino que el camino de las transformaciones nucleares parte del hidrógeno, que forma helio, que forma carbono, ... pero esto queda fuera del alcance de este libro. Sigamos.

Los electrones ya no tienen más componentes, pero los núcleos hemos dicho que están formados por protones y neutrones. Éstos están unidos por una fuerza llamada fuerza nuclear débil.

Los neutrones son un poco más pesados e inestables que los protones. Un neutrón se puede descomponer en un protón, un electrón y una partícula esquiva que se llama antineutrino. La desintegración beta de la radiactividad es esta transformación que tiene lugar de forma espontánea. Hablaremos de ella más adelante.

El antineutrino ya no tiene más partes, pero el protón y el neutrón sí.

Los protones y los neutrones están formados cada uno por tres quarks unidos por una fuerza llamada fuerza nuclear fuerte. De momento sólo hay dos quarks, por nombre arriba (u por *up*) y abajo (d por *down*) que forman dos tríos: uud en el protón y udd en el neutrón.

En la desintegración beta un quark *down* (más pesado) del neutrón se convierte en *up* (más ligero) liberando el electrón y el antineutrino.

Los quarks son los últimos componentes de la materia, hasta tal punto que nunca están sueltos. Podríamos decir que los quarks parece que son casi-partículas.

En definitiva. Tenemos sólo cuatro piezas básicas. El quark *up*, el quark *down*, el electrón y el antineutrino. Los dos quarks forman dos tríos llamados protón y neutrón, que forman el núcleo que con los electrones forman el átomo que se une en moléculas que mezcladas forman la materia que vemos.

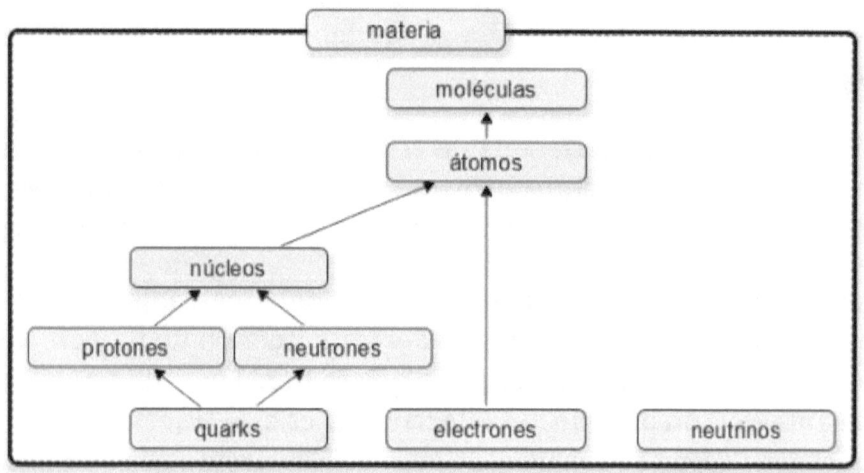

Esquema 1 Materia

De forma colateral, un quark *down* decae a un quark *up* más un electrón y una pequeña diferencia que se llama antineutrino, aunque en la naturaleza se observa que un neutrón se desintegra en un protón, un electrón y un antineutrino. Por lo tanto, de los dos quarks, uno se obtiene del otro, así que lo podríamos eliminar. Veremos.

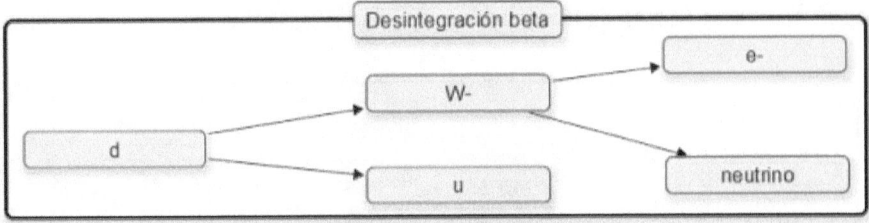

Esquema 2 Desintegración beta (quarks)

También hemos hablado de más de cuatro fuerzas, pero las agruparemos en tres.

En primer lugar, las fuerzas electrostáticas, el enlace químico entre átomos formando moléculas y la atracción entre los protones de los núcleos atómicos y los electrones son todas ellas consecuencia de la fuerza electromagnética.

La fuerza electromagnética carga algunas partículas de dos formas posibles. Las partículas con la misma carga se repelen y con distinta carga se atraen. Las partículas con carga electromagnética se agrupan de muchas maneras para formar objetos con la menor carga posible (neutros, de suma cero) formando los átomos y las moléculas.

En segundo lugar, tenemos la fuerza nuclear fuerte entre los quarks del protón y entre los quarks del neutrón. La fuerza nuclear fuerte carga las partículas de tres formas posibles. Las partículas con esta carga (carga de color, se llama), como por ejemplo los quarks, se agrupan para formar objetos sin carga (de suma cero, blancos) formando los protones y neutrones (por eso son tríos).

En tercer lugar, tenemos la fuerza nuclear débil entre neutrones y protones en el núcleo.

Resumiendo: tenemos cuatro partículas y tres fuerzas con las que se construye el mundo. Si añadimos la fuerza de la gravedad ya deberíamos haber acabado.

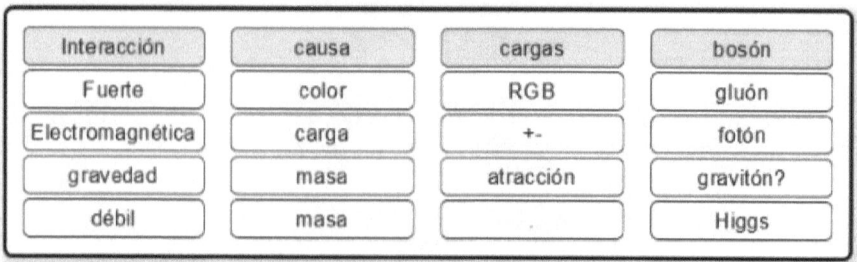

Interacción	causa	cargas	bosón
Fuerte	color	RGB	gluón
Electromagnética	carga	+-	fotón
gravedad	masa	atracción	gravitón?
débil	masa	.	Higgs

Esquema 3 Modelo estándar Interacciones

Pero los físicos hablan de muchas más partículas, que, aunque quizás no sabemos de qué forma, podrían ser transformaciones y nuevas combinaciones de éstas. Aparte del quark *down*, por ejemplo:

Veremos que las antipartículas, son estas mismas partículas y sus combinaciones vistas literalmente marcha atrás en el tiempo. No se trata de nuevas partículas, sino de las mismas vistas de otra forma.

Tenemos lo que se llaman las tres generaciones de partículas. Cada generación es un sabor de la partícula básica. La primera está compuesta por las cuatro partículas que hemos visto, pero hay otras dos generaciones más, formadas por una pareja de quarks más pesados, un electrón también más pesado y su neutrino. Cada partícula, en cada generación, tiene su propio nombre.

Podemos ver en un esquema los nombres de las partículas de las tres generaciones:

Generación	Quark I	Quark II	Leptón I	Leptón II
I	Up	Down	Electrón	Neutrino electrónico
II	Charm	Strange	Muón	Neutrino muónico
III	Top	Bottom	Tau	Neutrino tauónico

Esquema 4 Modelo estándar partículas

Las otras dos generaciones deben tener alguna relación con las partículas de la primera, pero no está claro cuál, ni si hay más generaciones. Todas ellas se llaman fermiones

Tenemos que las fuerzas pueden interpretarse como una transmisión, mediante unas partículas nuevas, de la energía desde una partícula a la otra con la que interactúa. Así, para la fuerza fuerte tenemos el gluón (de pegamento), para la energía electromagnética el fotón (de la luz) y para la gravedad se supone el gravitón. Para la fuerza débil tenemos tres más que describiremos más adelante. Se agrupan como bosones por oposición a los fermiones.

Y así muchas más partículas. Todas ellas duran muy poco tiempo o como en el caso de los quarks, nunca se hallan libres. Las partículas estables son el protón, el electrón, el antineutrino, el fotón y el neutrón (ya menos, porque en estado libre tiene una vida media de 15 minutos aproximadamente).

Esta sopa de fuerzas y partículas está extraordinariamente bien definida, pero carece de sentido común. Falta una visión que coloque cada pieza en su sitio de forma natural y permita deducir las propiedades de unas partículas de las otras. Ello es la teoría del todo, la teoría unificada que estaría a punto de ser descubierta, pero que se resiste.

En lo que sigue hay varias claves que nos deben permitir avanzar en esta búsqueda de una teoría unificada.

Para llegar a ella, será necesario imaginar que observamos, medimos, vivimos en una proyección en tres dimensiones de un universo real mayor, de la misma forma que una película proyectada en dos dimensiones recrea un mundo de tres. En lo que sigue se abre un camino en este sentido, sin fórmulas complejas, con esquemas simples, porque, aunque el universo se esconda, no ha de ser difícil de comprender.

Todo este entramado de partículas, al igual que la relatividad, están anclados sobre un único apoyo: la luz y su partícula, el fotón. El fotón es una partícula que no puede estar en reposo, su masa en reposo es cero y para todos los observadores se desplaza a 300.000 kilómetros cada segundo. O al revés, todos los observadores se alejan de la luz a esta velocidad que es lo único universal inmóvil. Esta idea relaciona de hecho la relatividad con la física cuántica y debe acercarnos a la teoría del todo.

Otra clave es la siguiente: decir que un neutrón se transforma en un protón, un electrón y un antineutrino

$$n \rightarrow p^{+} + e^{-} + \bar{\nu}_e$$

Es lo mismo que decir que un protón se transforma en un neutrón más un positrón más un neutrino ¡con la flecha del tiempo al revés!

$$p^{+} \rightarrow n + e^{+} + \nu_e$$

Cuando el protón se convierte en un neutrón estamos viendo la misma reacción marcha atrás en el tiempo, porque el electrón liberado es un antielectrón capturado y el antineutrino liberado es un neutrino capturado por el neutrón.

Así que debemos prepararnos para reconocer que la flecha del tiempo de un suceso no tiene por qué coincidir con la flecha del tiempo del observador, la causalidad no tiene por qué darse y ello puede dar sorpresas…aparentemente alejadas del sentido común.

La flecha del tiempo está asociada a la segunda ley de la termodinámica y a la estadística. El universo aparente, medible, presupone que el tiempo del observador es paralelo al tiempo del suceso observado. La relatividad rompe ligeramente esta suposición, mostrando rotaciones inesperadas de los sistemas de referencia respectivos, pero en la física cuántica, el tiempo del observador y el del suceso carecen de correspondencia y por consiguiente la causalidad es una coincidencia. No es que sea un caos, sino que el universo nos esconde algunas cartas o no somos capaces de percibirlas.

Además, la primera ley de la termodinámica, que nos dice que la masa-energía antes de un suceso y después son iguales, se cumple independientemente de la flecha del tiempo o para cualquier flecha del tiempo. Pero en sucesos en los que la cantidad de masa-energía es comparable a la constante de Planck, la entropía antes y después de un suceso puede ser estrictamente igual en todas las flechas del tiempo.

Debemos comprender las implicaciones de que cualquier medición establece una interacción entre el suceso y el observador, y por consiguiente un suceso puede ser medido de formas distintas por observadores distintos o el mismo suceso puede dar lugar a observaciones aparentemente independientes, incluso contradictorias, cuando realmente son narraciones de lo mismo o de sucesos equivalentes.

La teoría de la relatividad sobre el movimiento ya apunta en este sentido y permite que dos observadores midan de forma distinta un evento y predice sus mediciones, por ejemplo, la simultaneidad de dos sucesos puede depender del observador que los mide. Con la física cuántica un mismo suceso se puede observar de formas distintas y sólo se puede predecir probabilísticamente su comportamiento porque su causalidad puede no coincidir con la del observador.

A continuación, vamos a explorar estas posibilidades para descubrir lo que el universo real puede ser a partir de lo que el universo medible nos muestra.

4. LA RELATIVIDAD ESPECIAL Y GENERAL.

4.1 LA DESCRIPCIÓN DEL MOVIMIENTO.

Para explicar el movimiento y hacernos una imagen del universo en el que estamos, es necesario comprender la teoría de la relatividad especial que define un modelo geométrico del movimiento.

Igual que nos pasará con la física de las partículas, la impresión general es que es trata de una teoría no intuitiva, que viola el sentido común porque describe el mundo de una forma que nos cuesta reconocer. Mi intención es que esto no sea así, y el objetivo principal de este apartado es que comprendamos lo que dice la teoría y cómo se puede interpretar, aunque para ello sea necesario forzar quizás un poco la concepción habitual que se tiene de ella.

Einstein diseñó un modelo matemático que describe las características de los movimientos entre los cuerpos. Este modelo es válido no solo para los objetos comunes y para las velocidades a las que nos movemos habitualmente, sino también para los objetos que se mueven a velocidades cercanas a la de la luz (trescientos mil kilómetros cada segundo). Para estos últimos, la teoría clásica de Newton que estudiamos en la escuela no predice correctamente los valores que se miden en los experimentos. Nadie se dio cuenta de esto mientras estas velocidades no estuvieron al alcance de los aparatos de los experimentadores.

Newton nos describe un mundo absoluto en tres dimensiones

derecha - izquierda, delante - detrás, arriba - abajo, más la flecha del tiempo. Nos dice que, si sobre un objeto no actúa ninguna fuerza, éste permanece en reposo o se mueve a velocidad constante en línea recta, hasta que se aplique una fuerza sobre él. Nos relaciona la fuerza que hay que aplicar sobre un objeto para obtener una aceleración determinada llamando a esta relación masa inercial del objeto. También describe la fuerza que atrae los cuerpos, la gravedad. Todo esto nos permite saber dónde estará un objeto dentro de un tiempo, o dónde estará la Tierra de aquí a tres meses. Lo más genial es que igualó la fuerza que atrae la manzana que cae al suelo y la fuerza que atrae la Luna hacia la Tierra.

Según Newton, dado un objeto con una masa inercial que hacemos coincidir con la medida de su peso (o masa gravitatoria) y que vemos quieto (en reposo) o que se mueve con una velocidad rectilínea constante, si al cabo de un tiempo t se mueve a una velocidad v distinta, entonces, definimos la aceleración como el cambio de velocidad en el tiempo transcurrido (d quiere decir diferencia):

$$a = dv / dt$$

La fuerza necesaria para acelerarlo es proporcional a la aceleración conseguida y a la masa. El doble de fuerza consigue el doble de aceleración. El doble de masa reduce la aceleración conseguida a la mitad. Para obtener el doble de aceleración hay que aplicar el doble de fuerza o reducir el objeto a la mitad de masa. Dado un objeto, si aplicamos una fuerza, sabemos lo que pasará.

$$F = m \cdot a$$

Einstein nos permite predecir lo mismo, cuando la velocidad del cuerpo es grande. Porque en estos casos, la ley de Newton no se ajusta a las mediciones reales, ya que los cuerpos se vuelven pesados y esto no estaba previsto y no tiene explicación para

Newton.

¿Dónde está la diferencia? Parece que ningún cuerpo puede moverse a mayor velocidad que la de la luz y la experimentación lo demuestra. Podemos empujar un cuerpo y acelerarlo a 10, 20, 1000, 100.000 kilómetros por hora, pero a medida que nos acercamos a 300.000 kilómetros por segundo, el cuerpo se vuelve pesado y cada vez cuesta más de acelerar. La relación lineal que describe Newton: Aceleración es igual a la fuerza que se aplica dividido por la masa del cuerpo, pasa a dibujar una curva. Cuando la velocidad de un objeto se acerca a la de la luz, para aumentar su velocidad un poco más, entonces la fuerza que hay que aplicar se incrementa exponencialmente y se va aproximando al infinito, porque la masa aparente del cuerpo se aproxima también al infinito.

Este límite de las velocidades lo podemos expresar de dos formas: como una ley fuerte o una ley débil: la ley absoluta o fuerte dice que ningún cuerpo se puede mover a más velocidad que la de la luz (porque se debería ejercer una fuerza infinita per empujarlo) mientras que la ley relativista o débil dice que ningún observador puede empujar ni observar un objeto a más velocidad que la de la luz.

Según Einstein, la velocidad de la luz es un tope, así que dado un cuerpo que vemos en reposo o con una velocidad rectilínea uniforme, con una masa inercial -resistencia a la aceleración- que hacemos coincidir con la medida del su peso, si vemos al cabo de un corto tiempo t que el cuerpo se mueve a una velocidad v mayor, entonces la fuerza que ha sido necesaria para acelerarlo depende de la velocidad inicial. Así, por ejemplo, para empujar un cuerpo desde estar en reposo hasta 1/3 de la velocidad de la luz se necesita menos fuerza que para pasar de 1/3 a 2/3. Y la velocidad de la luz (de 2/3 a 3/3) no hay manera de alcanzarla. La resistencia que opone el cuerpo a la fuerza (su inercia) es su masa inercial, entonces Einstein propuso que la masa del cuerpo crece en este factor de Lorentz

$$\gamma = \frac{1}{\sqrt{1-v^2/c^2}}$$

En el que c es la velocidad de la luz y v la velocidad del objeto. Este factor es más grande que la unidad porque el denominador es más pequeño que uno y cuando v llega a la velocidad de la luz, el denominador vale cero por lo que el resultado se vuelve infinito.

Este límite, muchas veces se entiende como un límite real, es decir, se expresa de la siguiente forma: 'ningún cuerpo puede moverse a mayor velocidad que la de la luz', pero lo que realmente nos dice es que 'no podemos medir ni acelerar ningún cuerpo a mayor velocidad que la de la luz'. Ojo, no hay que confundir la descripción de la realidad con la realidad subyacente misma. Aunque el físico se quede en la medida y nosotros vayamos un poco más allá.

Ahora bien, para el observador hay todavía más alteraciones del cuerpo que corre a velocidades próximas a la de la luz porque también ve que las longitudes se hacen más cortas en este factor inverso del anterior (menor que la unidad):

$$\gamma = \sqrt{1-v^2/c^2}$$

Que las longitudes sean más cortas quiere decir que el cuerpo se ve -se mide- más pequeño en la dirección del movimiento, no necesariamente que se haga pequeño (el objeto a sí mismo se ve igual).

El observador también ve que el tiempo pasa más lento, y lo expresaremos de dos maneras.

En primer lugar, el tiempo de un objeto en movimiento se contrae en este factor (menor que la unidad):

$$\gamma = \sqrt{1 - v^2/c^2}$$

Esta contracción del tiempo expresa la diferencia entre el tiempo transcurrido para un gemelo que se queda en la Tierra y otro que viaja por el espacio y vuelve. Para el gemelo viajero ha pasado menos tiempo, y es más joven.

En segundo lugar, el tiempo de un objeto en movimiento se dilata en este factor, inverso del anterior y mayor que la unidad:

$$\gamma = \frac{1}{\sqrt{1 - v^2/c^2}}$$

Así, la dilatación del tiempo expresa que, si los dos gemelos disponen de un reloj, durante el tiempo que el reloj del gemelo terrestre hace tic-tac, ve que el reloj del gemelo viajero hace tic y poco más. Ve el reloj viajero retrasarse.

Estamos observando el mismo fenómeno. El gemelo terrestre mide el tiempo que ha vivido el gemelo viajero en el espacio. Si el observador terrestre mide un segundo y el gemelo viajero va casi a la velocidad de la luz, entonces para él no le ha pasado el tiempo según la primera formulación, y según la segunda su reloj está parado, tarda infinito tiempo en hacer el tac del tic-tac.

La cuestión que hay que plantearse aquí es si el hecho de que el observador terrestre no pueda ver el reloj viajero hacer el tac, quiere decir que el reloj viajero realmente no hace el tac.

¿Que una partícula en un acelerador con velocidad cercana a la de la luz tarde más en desintegrarse que cuando está en reposo, quiere decir que el tiempo 'real' de desintegración ha cambiado por efecto de la velocidad o que estamos viendo la partícula a cámara lenta?

4.2 LA INTERPRETACIÓN DEL MOVIMIENTO.

Para entender lo que las fórmulas de la relatividad esconden, utilizaremos un ejemplo: un tren de juguete sobre sus vías. Olvidémonos del rozamiento y de la gravedad porque las vías están engrasadas, no tienen pendiente y van rectas. Lo que observamos es que podemos empujarlo y entonces se acelera hasta una velocidad constante, lo empujamos más y toma más velocidad. Si no lo empujamos mantiene la misma velocidad. Si el tren es pesado entonces hay que empujarlo más que si es un tren ligero, pero para pasar de 100 a 200 kilómetros por hora, hay que aplicar la misma fuerza durante el mismo tiempo que para pasar de 1000 a 1100 kilómetros por hora, según Newton.

Para un objeto de masa m que incrementa su velocidad en 100 kilómetros por hora en un intervalo de tiempo de un segundo, la fuerza aplicada es la misma porque en la expresión

$$F = m \cdot dv / dt$$

no figura ninguna velocidad, si no sólo el cambio de velocidad. Esto es correcto para velocidades pequeñas.

Ahora aceleramos muestro tren a distintas fracciones de la velocidad de la luz y apuntamos el valor que obtenemos de la masa del cuerpo o calculamos el factor de Lorentz. Al proporcionar las velocidades como fracciones de la velocidad de la luz, convertimos c en nuestra unidad de velocidad y el factor de Lorentz se simplifica porque c^2 es uno. Dicho de otra manera, la raíz pasa a ser de 1 menos el cuadrado de la velocidad en fracciones de c. Por ejemplo, para 0,5 veces la velocidad de la luz, la expresión es raíz de $0,5^2 * c^2 / c^2$, es decir raíz de 0,75 que da 0,866. El inverso es 1,155.

El resultado es que cuando nuestro cuerpo va a la mitad de la velocidad de la luz (1/2 c) obtenemos que su masa es 1,155 veces la masa inicial. Cuando su velocidad es raíz de 3 partido por dos c (0,866) veces la velocidad de la luz, su masa es justo el doble que la que tenía cuando estaba quieto. La tabla 1 proporciona la variación de la masa para varias velocidades de un objeto:

Tabla 1 Incremento relativista de la masa

Velocidad (fracción de c)	Variación de la masa
0,000	1,000
0,087	1,004
0,174	1,015
0,259	1,035
0,342	1,064
0,423	1,103
0,500	1,155
0,574	1,221
0,643	1,305
0,707	1,414
0,766	1,556
0,819	1,743
0,866	2,000
0,906	2,366
0,940	2,924
0,966	3,864
0,985	5,759
0,996	11,474
1,000	Infinito

Jorge Aymerich

Si medimos este cuerpo, vemos que su tamaño se reduce en el sentido del movimiento en la misma proporción y también parece que las cosas pasan más lentas. Si ponemos los valores en una nueva tabla (tabla 2) tenemos:

Tabla 2 Variación relativista tiempo y longitud

Velocidad (fracción de c)	Masa o Dilatación del tiempo	Longitud o Contracción del tiempo
0,000	1,000	1,000
0,087	1,004	0,996
0,174	1,015	0,985
0,259	1,035	0,966
0,342	1,064	0,940
0,423	1,103	0,906
0,500	1,155	0,866
0,574	1,221	0,819
0,643	1,305	0,766
0,707	1,414	0,707
0,766	1,556	0,643
0,819	1,743	0,574
0,866	2,000	0,500
0,906	2,366	0,423
0,940	2,924	0,342
0,966	3,864	0,259
0,985	5,759	0,174
0,996	11,474	0,087
1,000	infinito	0,000

La tercera columna es la inversa (1/x) de la segunda.

Pero estos valores coinciden con unas relaciones trigonométricas. Observemos la tabla 3, que muestra varios valores trigonométricos:

Tabla 3 Valores trigonometría

Grados	Radianes	Seno	Coseno	1/coseno
0	0,000	0,000	1,000	1,000
5	0,087	0,087	0,996	1,004
10	0,175	0,174	0,985	1,015
15	0,262	0,259	0,966	1,035
20	0,349	0,342	0,940	1,064
25	0,436	0,423	0,906	1,103
30	0,524	0,500	0,866	1,155
35	0,611	0,574	0,819	1,221
40	0,698	0,643	0,766	1,305
45	0,785	0,707	0,707	1,414
50	0,873	0,766	0,643	1,556
55	0,960	0,819	0,574	1,743
60	1,047	0,866	0,500	2,000
65	1,134	0,906	0,423	2,366
70	1,222	0,940	0,342	2,924
75	1,309	0,966	0,259	3,864
80	1,396	0,985	0,174	5,759
85	1,484	0,996	0,087	11,474
90	1,571	1,000	0,000	infinito

La tabla 3 muestra los valores que se obtienen aplicando las funciones trigonométricas correspondientes a los ángulos indicados en grados. Coinciden los valores con el incremento de masa, y la variación de las longitudes y el tiempo que se observan cuando un cuerpo va a una fracción de la velocidad de la luz.

No es necesario que rescatemos los libros de trigonometría de la escuela para interpretar esto y entender lo que sigue. Volvamos al tren.

Estamos en la estación y el tren está detenido. Nosotros nos convertimos en el centro de un sistema de referencia del que salen tres ejes de coordenadas y además estamos en un instante de tiempo. Un sistema de referencia nos permite decir dónde están los objetos que vemos, indicando la distancia al objeto a la derecha, adelante, arriba desde el centro y en el instante (x, y, z, t). Con ello podemos localizar cualquier lugar en cualquier instante, lo que se llama cualquier suceso. Este sistema de referencia define nuestro universo particular en el universo real (no vale la pena discutir ahora si existe el universo real). El tren define también su sistema de referencia particular en el universo. Al decir que los dos estamos detenidos, en reposo, equivale a decir que su sistema de referencia y el nuestro están alineados, incluyendo su tiempo y el nuestro. El esquema 5 representa esta situación eliminando una de las tres coordenadas del espacio (la vertical) que queda sustituida por el tiempo.

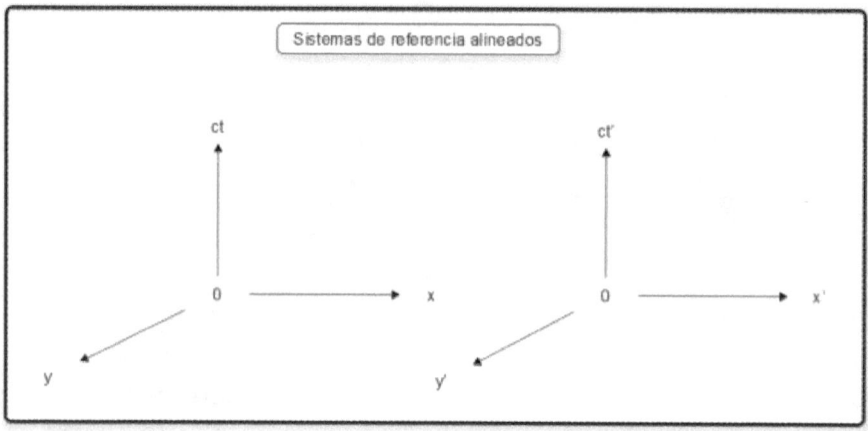

Esquema 5 Sistemas de referencia alineados

Antes de seguir, es necesario explicar cómo se interpreta la cuarta dimensión, el tiempo. Las tres primeras no necesitan explicación, pero el tiempo, ¿cómo se interpreta? Este es seguramente el punto donde la relatividad se vuelve complicada de imaginar. Nuestra mente no está acostumbrada a pensar en términos de cuatro dimensiones, una de ellas imaginaria, pero no hay problema si sacamos una de las tres espaciales y dejamos nuestro universo con dos dimensiones más el tiempo. Pensemos que nos podemos mover sólo por una superficie y el tiempo apunta hacia arriba. A partir de aquí, vamos a establecer la siguiente equivalencia. Cada segundo que pasa, nos desplazamos sobre el eje del tiempo 300.000 kilómetros en vertical, o con mayor propiedad, el tiempo fluye a través nuestro, 300.000 kilómetros cada segundo. Nuestro tren y nosotros estamos uno al lado del otro, y a medida que pasa el tiempo, los dos nos desplazamos sobre el eje del tiempo. Cuando he dicho antes que nuestros sistemas de referencia están alineados, estaba afirmando que el eje del tiempo del tren y nuestro eje del tiempo van en paralelo hacia arriba y por ello la distancia entre los dos se mantiene constante. Estamos en reposo los dos. Si llamamos c a esta cifra, el tiempo nos atraviesa verticalmente c Km cada segundo que marcan nuestros relojes.

Ahora vamos a empujar el tren de manera que su velocidad aumente hasta la mitad de la velocidad de la luz. Ahora el tren continúa teniendo su sistema de referencia y nosotros el nuestro, pero su sistema de referencia ha girado 30 grados respecto al nuestro y esto afecta a su tiempo y a su espacio en relación con el nuestro. Ahora el tren sigue desplazándose a lo largo de su eje del tiempo 300.000 km cada segundo y nosotros también, pero su tiempo y el nuestro ya no están alineados, es decir, empujar el tren ha servido para girar o curvar su sistema de referencia treinta grados.

Si llamamos al camino que sigue cada objeto en el espacio-tiempo su línea de universo, la línea de universo del observador en el andén es una recta vertical, mientras que la línea de universo del tren es una curva hasta rotar treinta grados y seguidamente mantiene esta orientación mientras no actúe otra fuerza sobre el tren. El esquema 6 muestra los sistemas de referencia al final de la aceleración.

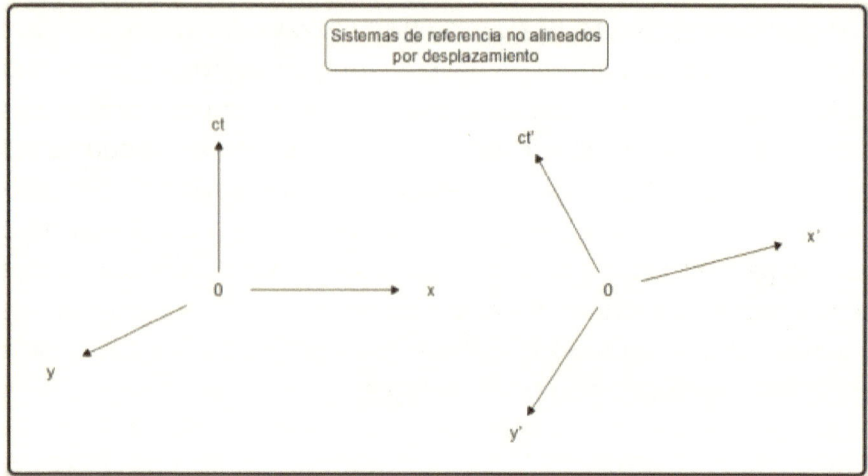

Esquema 6 Sistemas de referencia no alineados

En el proceso de la aceleración del tren, existe una diferencia entre el tren y el observador del andén. Ana, que viaja en el tren, siente una fuerza intensa que la aplasta sobre el respaldo de su asiento, su inercia, mientras que Benito en el andén no siente ningún empuje extraño. Una vez el tren se mueve con movimiento rectilíneo uniforme a la mitad de la velocidad de la luz, Ana deja de sentir ningún empuje.

Las consecuencias al acabar esta rotación son sencillas de explicar. En primer lugar, el tren se aleja en el espacio de nosotros a una velocidad que es la mitad de la velocidad de la luz.

En segundo lugar, tomemos un lápiz, lo ponemos vertical frente a la vista y girémoslo de forma que la punta en lugar de señalar hacia arriba señale ligeramente hacia nosotros. La imagen que yo observo del lápiz pasa de tener la longitud que tiene cuando lo veo vertical, a ser un punto cuando encara directamente a la vista. Lo mismo sucede con nuestro tren: al estar girado, lo vemos más corto (aunque realmente no lo es). Esta aparente reducción de las longitudes, tanto se puede calcular mediante la

fórmula de Lorentz como mediante la aplicación de la trigonometría. Nuestro tren es el mismo de antes, pero lo vemos más
corto. Desde el tren, a nosotros se nos ve igualmente de menor
longitud.

En tercer lugar, el tiempo en el tren parece (a velocidad constante) o es (en aceleración) más lento. Esto simplemente
quiere decir que nosotros percibimos que las cosas suceden más
lentamente, porque por cada segundo que nos pasa a nosotros
podemos ver menos de él en el tren. Si los dos tenemos un reloj
que va marcando segundos tic-tac, en un tic-tac nuestro, vemos
que el reloj del tren aún está en el tic y le cuesta llegar al tac más
de lo que esperaríamos.

Por último, la cuarta consecuencia es que como ahora nuestros sistemas de referencia no están alineados, si empujo el
tren desde mi espacio-tiempo en el andén lo estoy haciendo en
ángulo y por lo tanto, he de ejercer más fuerza para conseguir
que se acelere lo mismo. Para que lo entendamos claramente,
cuando estamos en reposo y empujamos el tren, entonces aplicamos la fuerza directamente desde detrás sobre las vías, pero
ahora que va rápido, nuestra vía y su vía no van en la misma
dirección y cuando lo empujamos, lo estamos haciendo de cos-
tado, con lo que parte del esfuerzo se malgasta intentando que
se salga de la vía y parte del esfuerzo lo empuja realmente. El esquema 7 muestra este efecto.

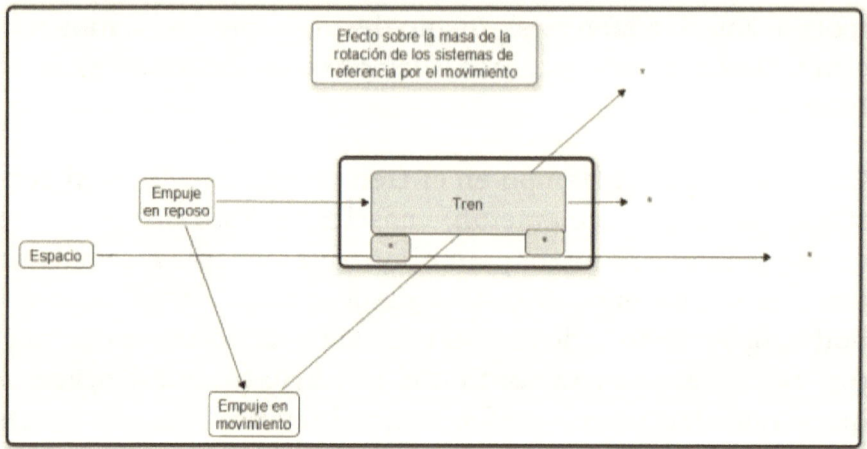

Esquema 7 Empuje en movimiento

Una forma de entender esto es llevarlo al límite. Cuando nuestro tren va a la velocidad de la luz, tenemos que su sistema de referencia y el nuestro son perpendiculares. Entonces, su tiempo y su espacio (las vías) son perpendiculares a los nuestros. ¿cómo percibimos esto? El tren tiene longitud cero, su tiempo se ha detenido en un tic sin fin y si intentamos empujarlo más, resulta que lo estamos haciendo perpendicularmente a la vía, cuando sólo se puede mover a lo largo de la vía.

Para centrar un poco las ideas, y repitiendo lo anterior. Cada punto del universo se desplaza 300.000 km cada segundo sobre el eje del tiempo. Cuando un cuerpo aplica una fuerza sobre otro, simplemente hace girar su sistema de referencia de manera que los dos continúan yendo igual, pero en direcciones diferentes. El efecto en el espacio es que se separan.

Ahora avancemos un poco más. Tal como propuse más arriba, la expresión débil de la relatividad especial dice que el hecho de que no podamos observar un cuerpo a mayor velocidad que la de la luz, no quiere decir que un cuerpo no pueda exceder esta velocidad. Pongamos un ejemplo: pondremos un tren dentro del tren al que llamaremos metatren. Nosotros podemos convencer a un amigo que se suba al tren y después de acelerar nosotros el tren a 200.000 km per segundo, él puede acelerar su metatren a 200.000 km dentro el tren. Nada impide este experimento mental. Ahora el metatren se desplaza en algún universo a 400.000 km por segundo, pero nosotros no lo podemos medir. ¿Significa esto que va o no va a esta velocidad? En realidad, los tres, nosotros, el tren y el metatren seguimos desplazándonos c km cada segundo a lo largo de nuestro eje del tiempo cada segundo, pero nuestros ejes del tiempo y del espacio no coinciden.

Pongamos un caso menos mental. El acelerador de partículas del CERN en Ginebra acelera las partículas en el anillo a velocidades próximas a la de la luz en los dos sentidos. Si por ejemplo, aceleramos dos haces de protones a casi la velocidad de la luz en sentidos contrarios y finalmente los hacemos chocar, para nosotros, ambos haces van a velocidad cercana a la de la luz, y cuando se alejan después de cruzarse, lo hacen a velocidades superiores a la de la luz...., ahora bien, los protones de los dos haces se ven entre ellos con sus espacio-tiempo deformados de manera que no llegan a superar la velocidad de la luz... o simplemente están en universos diferentes y no se ven como protones. Aunque nosotros calculamos una velocidad geométrica entre las partículas mayor que c, nadie observa un cuerpo más rápido que la luz.

4.3 Las transformaciones de Lorentz y los conos de luz.

Vamos a profundizar en el detalle de estas transformaciones geométricas.

Vamos a distinguir dos transformaciones del espacio-tiempo según la teoría de la relatividad especial de Einstein para mantener la constancia de la velocidad de la luz para cualquier observador. Estas transformaciones no deben verse como un cambio del espacio-tiempo resultado del movimiento sino simplemente un cambio de perspectiva en el espacio-tiempo del objeto para el observador. La relatividad especial se llama relatividad porque establece que no hay un observador privilegiado o un espacio-tiempo en el que suceden cosas, sino que describe lo que observamos, lo que medimos, en función del movimiento relativo del objeto para el observador.

En el escenario de partida, dos observadores, Ana y Benito, en reposo se observan entre ellos: Sincronizan sus relojes, igualan sus medidas y sus masas. Una vez hecho esto:

En el primer escenario, Ana y Benito, se desplazan con movimiento rectilíneo uniforme y se observan entre ellos. Este escenario es simétrico por definición porque no podemos decidir, ni nos afecta, si es Ana la que se mueve mientras Benito está quieto o es al revés o ambos se mueven. Por consiguiente, el incremento de masa, la disminución de la longitud en el sentido del desplazamiento y el enlentecimiento del tiempo son mutuos. Ambos se observan entre ellos deformados según las transformaciones de Lorentz, pero se ven a sí mismos igual que si estuvieran en reposo. Ninguno siente ningún empuje extraño.

En el segundo escenario, Ana, que está en reposo o se desplaza con movimiento rectilíneo uniforme, observa y/o empuja a Benito que va cambiando de velocidad (acelera o frena). En este caso, la aceleración que sufre Benito le hace sentirse empujado hacia atrás por su inercia resultado de su masa. En este segundo caso, la situación ya no es simétrica y la línea de espacio-tiempo de Benito describe una trayectoria curva y por ello su reloj va 'realmente' más lento que el de Ana, de forma que se queda algo más joven. La observación de su masa y de su longitud se transforman, pero se podrán recuperar a la vuelta. La paradoja de los gemelos no es tal paradoja, si comprendemos esta diferencia: la

¿Por qué no comprendes ni la relatividad ni la física cuántica? (Segunda

aceleración convierte tiempo en espacio.

Vamos pues a interpretar la teoría de la relatividad especial como una rotación de la línea de universo de un objeto.

Partimos de la constante c = 300.000 km/s. Esta constante no sólo es la velocidad de la luz en el vacío para todos los observadores, sino que también es un límite a cualquier velocidad medida.

Primer Postulado: Todo objeto en reposo o en movimiento rectilíneo uniforme, no acelerado, que no sufre ningún empuje ni ninguna inercia, este objeto se desplaza de forma invariable c km cada segundo a lo largo de su particular dimensión temporal.

Segundo postulado: La dimensión temporal de dos objetos en reposo es paralela. Dos objetos en reposo son a su vez dos observadores que definen dos sistemas de referencia alineados.

Tercer postulado: Las dimensiones temporales de dos objetos en movimiento rectilíneo uniforme entre ellos establecen un ángulo, mayor cuanto mayor es su velocidad relativa hasta un máximo de c km/s, momento en el que son perpendiculares.

Cuarto postulado: La aceleración de un objeto es equivalente a un giro de su dimensión temporal sobre las dimensiones espaciales.

Veamos algunos ejemplos concretos, resultado de estos postulados, que nos ayuden a comprender su interpretación.

Para facilitar la visualización de los ejemplos, nos quedamos con dos dimensiones para el sistema de referencia de un observador y de un objeto cualquiera.

Cuando Ana está en reposo, dibujamos en vertical su tiempo y en horizontal su espacio. Al cabo de un segundo se habrá desplazado c km en vertical hacia arriba, o mejor, la dimensión vertical del tiempo habrá fluido c km a su través. Sobre el eje horizontal sigue en el mismo punto.

Vamos ahora al otro caso extremo y supongamos que Benito se desplaza a la velocidad de la luz durante un segundo desde la misma posición inicial que Ana. Al cabo de un segundo Ana y Benito están a una distancia de c km sobre el eje horizontal, Ana en el origen de coordenadas y Benito a c km a la derecha. Para Ana el tiempo de Benito no ha pasado porque su reloj está detenido porque el tiempo de Benito se ha transformado en espacio de Ana.

Para cualquier velocidad menor que c, Benito estará, al cabo de un segundo, en el arco de radio c en el espacio-tiempo de ambos y ello determina la forma en que Ana verá a Benito. Su reloj más lento, más difícil de impulsar (con más masa) y más corto en el sentido del movimiento.

Pongamos un ejemplo intermedio. Sea Benito que se desplaza a la mitad de la velocidad de la luz para Ana, durante un segundo, desde un origen de coordenadas común.

Al inicio ambos están en el origen de coordenadas de su sistema de referencia común.

Al cabo de un segundo del tiempo de Ana, la distancia entre ambos es de ½ c.

Aplicando el cuarto postulado, si ha existido un desplazamiento es porque se ha producido una rotación que ha convertido tiempo de Benito en distancia.

En el esquema 8 representamos este desplazamiento sobre un plano x-t.

¿Por qué no comprendes ni la relatividad ni la física cuántica? (Segunda

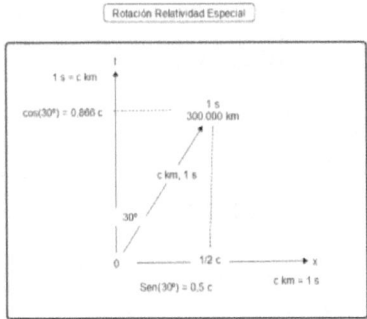

Esquema 8 Rotación relativista del sistema de referencia de un objeto en movimiento

Desde el centro de coordenadas marcamos un arco de circunferencia de c km. Cualquier cuerpo que en t=0 está sobre el centro de coordenadas, al cabo de un segundo estará en este arco.

Ana, como no se ha desplazado en el espacio (está en reposo), sus coordenadas son x = 0, t = c, pero al ser t una dimensión imaginaria es el tiempo el que ha fluido por ella.

Al cabo de un segundo las coordenadas de Benito son:

x = 1/2 c por el enunciado.

1/2 es el seno de 30 grados, que es el ángulo entre las dimensiones temporales de ambos sistemas de referencia.

El tiempo es el coseno de 30 grados t = 0,866 c.

Moverse a la mitad de la velocidad de la luz equivale a la rotación de 30 grados del tiempo del sistema de referencia del objeto en movimiento respecto al tiempo del sistema de referencia del observador. El observador, entonces, percibe una proyección del tiempo del objeto 0,866 menor, una longitud en la dirección del movimiento también reducida en 0,866 y una masa incrementada en 1/0,866=1,155.

Estos son los valores de las transformaciones de Lorentz para un objeto a la mitad de la velocidad de la luz.

Antes de acabar y pasar a la teoría de la relatividad general sobre la fuerza de la gravedad, me gustaría hacer un comentario un poco al margen de la exposición.

En la literatura sobre la relatividad, las líneas de universo de los objetos se representan también sobre planos espacio-tiempo igual que en el esquema anterior. En dicho espacio-tiempo 'absoluto', un objeto en reposo se desplaza verticalmente en el tiempo c km cada segundo y un objeto como la luz se desplaza además de c km cada segundo en el tiempo, c km en el espacio, lo que dibuja una diagonal que establece lo que se llama el cono de luz del observador. El límite del cono está inclinado 45 grados y el objeto no puede alterar nada con un ángulo mayor (sería un efecto a más velocidad que la de la luz) ni tampoco en el pasado puede haber sido afectado por nada anterior fuera del cono opuesto.

Según esta representación, la longitud de la línea del universo de un objeto cada segundo va desde c km cuando está en reposo hasta raíz de dos por c km (1,44 c, por Pitágoras) cuando va a la velocidad de la luz, que se proyecta c km sobre el espacio y c km sobre el tiempo. Pero no existe este espacio-tiempo absoluto. Este es uno de los casos, junto con el de la paradoja de los gemelos explicada más arriba, en los que emerge una aparente incomprensión del significado profundo de la interpretación de las consecuencias de la teoría de la relatividad, cuando necesariamente tiene que ser simple y debe tener sentido común, aunque no sea evidente.

La diferencia entre una y otra interpretación, es que aquí se define que cualquier objeto se desplaza siempre c km en su línea de universo cada segundo y no a veces a c y a veces a 1,44c. Si se mueve es porque su tiempo no es paralelo al del observador y se convierte en distancia real para el observador. La representación de los conos de luz es confusa y engañosa, aunque está claro que universal al menos cuando escribo esto.

Avancemos. Si comprendemos que una aceleración es una curva en la línea de universo de un objeto, podemos pasar ya a la teoría de la relatividad general.

4.4 LA FUERZA DE LA GRAVEDAD.

Diez años después de formalizar la teoría de la relatividad especial, Einstein propuso una explicación geométrica a la ley de la gravedad. Propuso que es equivalente estar sometido a la fuerza de la gravedad que nos empuja hacia abajo que estar dentro de un ascensor que sube de forma cada vez más rápida (acelerado). Dentro del ascensor, si lanzo una moneda hacia delante hace una parábola hacia el suelo igual que si estuviera en la Tierra. Este paralelismo se llama el principio de equivalencia.

Así, según el principio de equivalencia, igual que la aceleración provocada por la aplicación de una fuerza sobre un objeto, curva la línea del universo que traza dicho objeto, la gravedad dobla el espacio-tiempo y tiene el mismo efecto que si existiera esa fuerza. Son indistinguibles sus efectos, pero no son lo mismo.

Por ejemplo, el sol deforma el espacio-tiempo, lo curva ligeramente haciendo que la dimensión del tiempo de los objetos converja ligeramente, intentando aproximarlos. Ello se representa en el esquema 9.

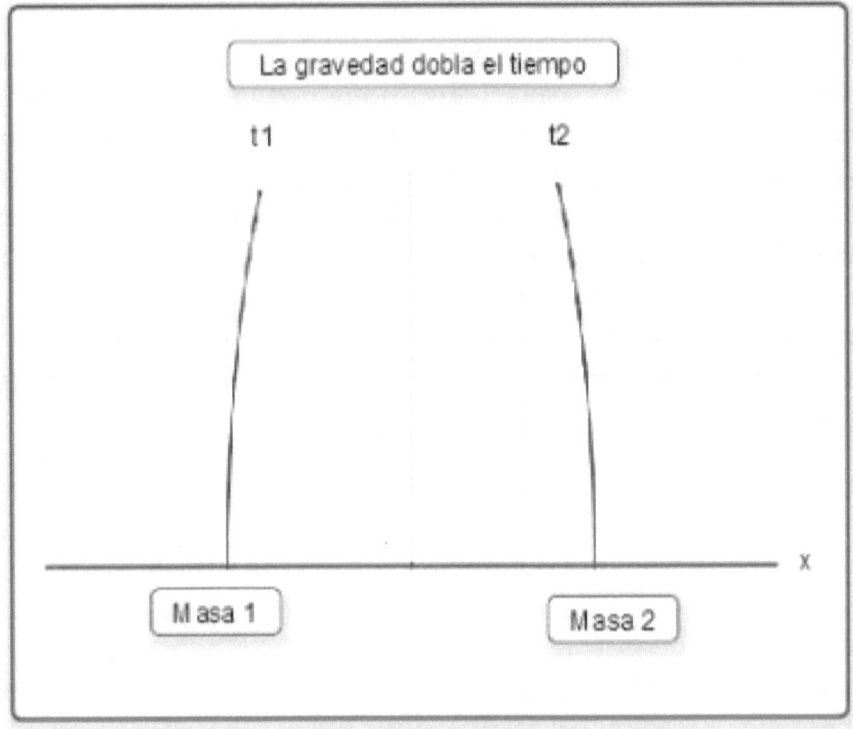

Esquema 9 Curvatura del tiempo

El hecho de que dos sistemas de referencia espacio-tiempo de dos objetos no estén alineados por efecto de la gravedad hace que se atraigan entre ellos, que converjan sus líneas de universo por el simple hecho de estar juntos. Pongamos dos estrellas en medio del espacio, quietas. La curva del espacio-tiempo que genera la masa de las dos esferas, hace que a medida que pasa el tiempo a través de las dos esferas, se acerquen, hasta que se juntan. Para cada esfera, el tiempo de la otra es más lento.

Sin la gravedad, dos estrellas cercanas en el espacio, en reposo entre ellas, se desplazarían sobre el eje del tiempo c km cada segundo en direcciones paralelas y el mismo sentido. La gravedad dobla sus flechas del tiempo, intentando convertir una parte de su tiempo en espacio y esto hace que se intenten aproximar, lo que se muestra como una fuerza de atracción.

Para visualizar esto mejor, pensemos en un caso extremo como es un agujero negro. En la Tierra podemos lanzar una moneda hacia delante y dibuja una parábola hacia el suelo. Si la lanzamos lo suficientemente fuerte, acabará dando vueltas a la Tierra, porque la Tierra es redonda y entonces no acaba nunca de caer. Si no hubiera rozamiento y todo fuese ideal, la moneda daría vueltas eternamente. Si la lanzamos más fuerte, acaba marchando al espacio. La velocidad necesaria para escapar, se llama velocidad de escape y depende de la fuerza de la gravedad que depende de la masa de la Tierra.

Ahora bien, si engordamos la Tierra hasta convertirla en una estrella cada vez mayor, al final, podemos obtener un agujero negro, tan pesado que la velocidad de escape es la de la luz, que hemos dicho que aparentemente no se puede superar. Entonces ni la luz puede salir del agujero. Esto parece que es así, y por ello estos objetos se llaman agujeros negros. Todo aquello que se acerca acaba cayendo dentro, incluida la luz.

¿Cómo debemos interpretar este efecto? La masa curva el espacio-tiempo de manera que los objetos que se acercan a un agujero negro están en un universo en el cual su tiempo no es paralelo al nuestro -los observadores que miramos el agujero y el objeto que cae-. A medida que el objeto cae, su espacio-tiempo gira, hasta que finalmente, en el horizonte de sucesos -la superficie de la que ya ni la luz puede escapar- tenemos una región del espacio real en la cual el tiempo es perpendicular a nuestro tiempo.

Entonces, un reloj cerca de un agujero negro hace el tic-tac lentamente, más lentamente a medida que cae y cuando atraviesa el horizonte de sucesos, nos deja una última imagen fija por siempre más. Para nosotros el tiempo del objeto se ha detenido. Para el objeto, no sabemos. El agujero negro es un límite sin retorno, pero dentro del agujero puede haber un universo entero perpendicular al nuestro. Perpendicular quiere decir que su causalidad es independiente de nuestra causa-efecto porque su flecha del tiempo es perpendicular a nuestra flecha del tiempo.

Resumiendo, cada objeto tiene su sistema de referencia espacio-tiempo que en condiciones 'normales' coincide con el de los objetos cercanos. Por cada objeto fluye el tiempo 300.000 kilómetros cada vez que pasa un segundo. La aceleración es una curva del tiempo de un objeto que genera un desplazamiento en el espacio. La gravedad es una curva de la dimensión tiempo que hace converger los ejes temporales de los objetos.

Una vez hemos interpretado de una forma sencilla el significado de las dos teorías de la relatividad de Einstein, pasamos a describir algunos de los fenómenos inquietantes de la física del universo, antes de entrar a fondo en el modelo estándar de partículas.

5. LOS PROBLEMAS DE LO PEQUEÑO.

La mecánica es la rama de la física que estudia el efecto de las fuerzas sobre el movimiento de los cuerpos. Para los objetos habituales funciona como hemos visto, según las leyes de Newton y las de Einstein, pero para las partículas, es distinta y aparentemente mucho más compleja y menos evidente.

La mecánica sobre los objetos habituales tiene sentido común y responde a fórmulas razonables. Las fuerzas y sus consecuencias son lo que esperaríamos incluso cuando nos acercamos a la velocidad de la luz, si consideramos que todo cuerpo es un sistema de referencia que se desplaza siempre 300.000 kilómetros cuando fluye un segundo y el movimiento es el efecto de una rotación que convierte este paso del tiempo en desplazamiento en el espacio.

La gravedad existe sin que veamos que nadie empuje los cuerpos, lo que muestra la primera fuerza de la naturaleza. Básicamente, si el desplazamiento entre los cuerpos es un giro, la gravedad es una curvatura del espacio-tiempo provocada por la propiedad 'masa' de la materia. Esta curvatura hace que las líneas del tiempo de los cuerpos próximos en lugar de ser paralelas converjan en el futuro y ello se mide como la fuerza de atracción gravitatoria.

El espacio y el tiempo se intercambian según la mecánica relativista y todo cuerpo fluye en su tiempo a la misma 'velocidad' cuando no sufre ninguna fuerza. Esta explicación funciona y además hasta podría tener sentido, sentido común, aunque abre más interrogantes que los que cierra.

Pero al estudiar y analizar el efecto de las fuerzas sobre las partículas que constituyen la materia, la relatividad se cumple, pero apenas explica nada y además es demasiado débil para ser medida. Aparecen otras fuerzas nuevas de las que conocemos su comportamiento, pero son tan arbitrarias como la gravedad para Newton. Para distinguirlas, se habla de la mecánica newtoniana, de la relativista y de la mecánica cuántica.

La situación es que disponemos de una descripción correcta de la naturaleza, correcta porque las predicciones que hace se cumplen y gran cantidad de la tecnología de la que disfrutamos se basa en ella. Funciona. Sin embargo, es una teoría gruyere porque tiene huecos que no sólo deja hechos sin explicar, sino que además deja entrever que es artificiosa. Da la impresión de que la teoría se ha forzado para adaptarse a los hechos, pero debe existir otra más simple y que tape los agujeros. Parece que manejamos lo que se llama una teoría *ad hoc* y necesitamos una teoría nueva, fresca y mejor. Un nuevo paradigma.

La física cuántica describe un conjunto de partículas fundamentales arbitrario, que están sometidas a unas leyes complejas y arbitrarias y también están sometidas a unas fuerzas nuevas complejas y arbitrarias. Lo que es peor, a veces contradictorias porque rompen con la lógica (hay cosas que son y no son, otras que son dos cosas a la vez, por ejemplo).

Frente a este escenario, hay una propuesta práctica: ¡Calla y calcula! y una profunda insatisfacción que manifestaba Einstein con la frase 'Dios no juega a los dados'.

Para ponernos en situación, lo mejor es desarrollar un inventario de los problemas con los que se encuentra la física de partículas. Puede ser que no estén todos los que son ni sean todos los que están, pero ello nos dará una visión de los problemas que tiene nuestra comprensión actual del universo.

Primero veremos los problemas de lo pequeño y luego los de lo grande. Empecemos por lo pequeño.

1. El principio de incertidumbre de Heisenberg.

No podemos saber exactamente la posición y la cantidad de movimiento de una partícula porque a mayor precisión de uno, mayor error de lo otro. La constante de Planck marca este límite y a la vez es la unidad básica de la masa-energía. Digamos que es el grano más fino de lo que podemos medir. Por consiguiente, a nivel de los constituyentes fundamentales de todo, sólo tenemos una imagen borrosa que sabemos no se puede mejorar y por consiguiente es imposible predecir exactamente lo que pasará con un modelo correcto, porque los parámetros de partida son borrosos, así que los resultados también. El mundo nos ha salido tímido.

Esto no va contra el sentido común, sino que establece la resolución a la que podemos medir el universo. Para medir con más precisión quizás deberíamos salir del mismo. Parece el tamaño del píxel de las pantallas digitales.

2. Superposición y colapso. El gato de Schrödinger.

Parece que las propiedades de una partícula no sólo son borrosas, sino que no están definidas cuando no la observamos. Toman valor cuando se miden, no antes. Un experimento ya acabado, en el que podía pasar un suceso 'A' o 'no A', está en un estado de superposición (A y No-A a la vez) hasta que medimos el resultado y colapsa en A o no-A. Por ejemplo, el gato de Schrödinger está vivo y muerto a la vez hasta que lo miramos y colapsa en uno de los dos estados.

Esto muestra que medir es cosa de dos, pero que sea necesario medir para colapsar la realidad es por lo menos 'raro'.

Quizás es un mal ejemplo mental, porque si existe un mecanismo para detectar el suceso, éste se comporta de forma determinística. Sólo hay indeterminación cuando no se observa, y entonces, la indeterminación no afecta en nada al resto del mundo. Es irrelevante. Si observamos, entonces la indeterminación desaparece y el gato está o vivo o muerto dentro de la caja, porque el mecanismo para matar o no al gato lo convierte en causal.

3. El experimento de la doble rendija.

La luz o las partículas que atraviesan un obstáculo con dos rendijas pasan por las dos rendijas a la vez y queman la pantalla posterior como una onda (dibujando un patrón de interferencia de picos y valles de intensidad, como las olas al tirar una piedra al agua) hasta que medimos si pasan por una de ellas y entonces se muestran como las partículas, quemando la pantalla de otra forma porque pasan por una rendija o por la otra, pero no por las dos a la vez como antes.

Si no miramos por dónde pasa, la partícula pasa por las dos rendijas y es una onda, pero cuando la queremos detectar sólo pasa por una de las dos y es una partícula. Igual que con el gato, el mecanismo de detección obliga a la partícula a colapsarse por una de las dos ranuras.

El fotón o la partícula no sabe al ser emitido si hay detector, pero su comportamiento es distinto si éste existe, o sea que lo sabe para decidir si pasa por una o por las dos rendijas.

4. La dualidad onda – partícula.

El mismo objeto se comporta como una partícula o como una onda según el experimento, pero ambos son comportamientos contradictorios. ¿Por qué cuando no miramos el mundo se comporta de una forma y al mirar de otra totalmente distinta?

5. El no-determinismo y la causalidad.

Una consecuencia del principio de incertidumbre y de la dualidad onda-partícula es que el universo se vuelve no-determinista, es decir, de una causa no se deduce un efecto, sino que la causa es una onda de probabilidad y el efecto cualquier cosa que no esté expresamente prohibida. Así aparece la superposición.

6. La decoherencia.

Un detalle amable de la dualidad onda-partícula, es que a pesar de que todos los objetos la sufren y por consiguiente las personas también se podrían comportar como ondas, lo cierto es que a medida que aumenta el tamaño de los objetos, la física cuántica se transforma en clásica y a ello se lo llama decoherencia. Digamos que al incrementar el tamaño del objeto se reduce o concreta su onda de probabilidad, y es menos onda y más partícula.

7. El entrelazamiento de partículas.

Otra consecuencia es que si un experimento ya acabado emitió dos partículas que viajan por el espacio en direcciones opuestas, sabemos que una es A y la otra No-A, pero no cual es cual, están superpuestas y entrelazadas de forma que si medimos una de ellas y colapsa en A sabemos sin medirla que la otra colapsa en el mismo momento en No-A, pero ¿cómo sabe que debe colapsar? Además, es instantáneo.

Realmente está demostrado que antes de mirar cualquiera de las dos partículas entrelazadas, no están definidas, pero al mirar una, la otra se define también. Hay indeterminación mientras no hay observación y es irrelevante el resultado de la medición.

Ello puede interpretarse como que alguna información viaja a mayor velocidad que la de la luz entre las partículas, porque antes de colapsar están superpuestas (A y No-A a la vez).

La descripción es que existe un único 'estado' descrito por una fórmula de probabilidad que puede abarcar la distancia que queramos y que cuando colapsa lo hace de forma instantánea en todas las partículas entrelazadas allí donde estén.

Si sabemos que dos monedas distintas pululan en un cubo vacío de 100 Km de lado. Si observo una, instantáneamente sé el valor de la otra, sin que se transmita información entre ellas. Pero para dos partículas entrelazadas, antes de la observación están realmente superpuestas y según la desigualdad de Bell, está demostrado que no se comportan como las monedas.

8. La energía del vacío.

El espacio vacío, además de ser borroso o precisamente por ello, es un escenario en el que constantemente aparecen y desaparecen parejas complementarias de partículas, con una probabilidad que es proporcional a su masa-energía. Las partículas más pesadas aparecen menos y duran menos que las ligeras. Ello son las fluctuaciones cuánticas.

Lo que es peor, pueden aparecer parejas de partículas de suma cero para quedarse en el límite de un agujero negro, porque una de ellas puede quedar atrapada y la otra escapar, así los agujeros negros parece que pueden emitir radiación (radiación de Hawking).

9. Todo vale.

Todo lo que no está expresamente prohibido está permitido, es decir, cuando se produce un experimento como un choque de partículas, puede pasar cualquier cosa, porque de la nada aparecen y desaparecen partículas, así que vale todo siempre que la suma sea cero. Digamos que los parámetros o propiedades

Jorge Aymerich

iniciales son los mismos que los finales, se mantienen, pero las portan distintas partículas. O sea que la realidad está en las propiedades y en cambio las partículas, lo que observamos, es sólo una apariencia.

10. El efecto túnel.

Una partícula puede desaparecer a un lado de una pared y aparecer al otro lado sin atravesarla, porque la suma es cero.

11. La ecuación $E=mc^2$.

Masa y energía son lo mismo. Parece que no debería figurar en esta lista, pero la constatación de que dos cosas tan distintas son lo mismo debería por lo menos llamarnos la atención de que hay alguna cosa en la comprensión de la naturaleza que se nos escapa. Estamos afirmando que dos cosas totalmente distintas para el observador son lo mismo.

Que la masa y la energía sean equivalentes nos debe sorprender igual que la dualidad de partícula y onda según el experimento que se realiza.

12. El zoo de las partículas.

Existe un modelo teórico, en el que encajan las partículas descubiertas, y también algunas teóricas, que es extraordinariamente preciso, predictivo, funciona, pero es poco elegante en el sentido de que describe demasiadas piezas, con unas propiedades arbitrarias. Por ejemplo, las masas de las partículas son arbitrarias.

13. Las tres generaciones de partículas.

Las partículas se organizan en tres generaciones sucesivas, la primera es la que constituye el mundo, los protones, electrones, neutrones, fotones, etc. Pero hay una segunda generación y otra tercera que están identificadas en laboratorio, pero no se sabe qué son.

14. La teoría no unificada. El modelo estándar.

Este modelo teórico de las partículas describe todo lo pequeño y tres fuerzas fundamentales, la fuerza nuclear fuerte, la fuerza nuclear débil y la fuerza electromagnética, pero deja fuera la gravedad y encajar esta última parece que obliga a forzar el modelo.

15. La renormalización.

Uno de los problemas más graves para los físicos es que en multitud de cálculos surgen divisiones por cero que dan infinito, consecuencia de que 'todo vale excepto lo prohibido'.

Se aplica un procedimiento, la renormalización, que intenta evitarlos reduciendo el daño causado por todos los sucesos que pueden pasar con poca probabilidad. Pero es un arreglo, que funciona, pero no es 'elegante' ni se comprende su necesidad.

16. Los parámetros del modelo estándar.

Si el modelo estándar tuviese una interpretación, debería quedar definido mediante pocos parámetros, por ejemplo:

- El número de dimensiones del universo debería quedar justificado termodinámicamente.
- Sus curvas: la proporción de la intensidad de las interacciones básicas.
- La velocidad de la luz que marca el paso del tiempo.
- La constante de Planck que define el grano del universo.

A partir de estos datos deberíamos ser capaces de establecer cómo las dimensiones vibran, de estas vibraciones cuáles adquieren entidad para ser nombradas, de qué forma se encajan ganando estabilidad y de qué forma se transforman y agrupan creando todo lo que hay.

Pero en el modelo estándar las masas de las partículas parecen arbitrarias. El modelo depende de más de veinte parámetros independientes arbitrarios. Aparte de los mencionados, tenemos la masa de todas las partículas (la relación de masas) más los cuatro parámetros que rigen lo que se denomina la oscilación de los leptones más los cuatro de la oscilación de los quarks.

17. Últimas piezas indivisibles.

Aunque todo el mundo está de acuerdo en que las partículas del modelo estándar no son divisibles y realmente son las piezas básicas del universo, simultáneamente todos están de acuerdo (porque pasa y está perfectamente descrito cómo pasa) en que los neutrinos, los electrones, los quarks de las tres generaciones 'oscilan' o 'decaen', es decir, se transforman entre ellos y además se rompen. El caso más trivial es la desintegración beta en que un quark *down* se convierte en uno *up* más un electrón y un antineutrino.

6. LOS PROBLEMAS DE LO GRANDE.

Después de esta relación de problemas con lo muy pequeño, atendemos a los problemas de lo muy grande.

1. La teoría no unificada. La relatividad general.

Lo dicho antes. La gravedad es la primera fuerza que se describió y tras Einstein quedó tratada como una curvatura del espacio-tiempo, pero no encaja con el resto, fundamentalmente porque es una teoría continua' mientras que el modelo estándar es una teoría 'discreta', cuantizada, con saltos.

2. La velocidad de la luz.

Vale, la velocidad de la luz es un límite. Nada puede ir más rápido. Pero, por qué esta velocidad y no otra, y por qué este límite. ¿Cambia con el tiempo? Hay un abanico (corto) de parámetros ajustados de forma muy fina que permiten el mundo. Cualquier pequeño cambio rompería un extraño equilibrio. Estos parámetros quizás se justifican entre ellos y 'tienen' que ser así, pero de momento son arbitrarios.

3. El problema del tiempo.

Independientemente de que la relatividad considere el tiempo una coordenada más, necesaria junto con la posición para describir un suceso, lo cierto es que el paso del tiempo es una percepción que nadie sabe qué es. ¿Por qué conocemos el pasado y desconocemos el futuro y qué es el presente?

4. La simultaneidad y la relatividad.

Una de las consecuencias de la relatividad es que, para distintos observadores, dos eventos pueden suceder uno antes que el otro, después o a la vez. Así que la sucesión histórica depende del observador. Ello, sin embargo, no rompe la causalidad, en el sentido de que para cada suceso existe su futuro absoluto, su pasado absoluto, y una zona que depende del observador.

5. El ritmo de la expansión del universo.

Primero se pensó que el universo era estable y plano. Luego se determinó que estaba en expansión desde un *Big Bang* porque todos los objetos se separaban entre sí, cuanto más distantes a mayor velocidad. Como los puntos en la superficie de un globo que se está hinchando.

Se consideraba que la gravedad, que atrae los cuerpos, frenaba este proceso y podría incluso llegar un momento, si la gravedad fuese suficientemente fuerte, como para que todos los objetos se volviesen a agrupar gravitatoriamente en un *Big Crunch*.

Pero hoy sabemos que el universo se expande cada vez a mayor velocidad y no sabemos por qué. Si esperamos que una explosión pierda fuerza a medida que se expande y dispersa la masa y del *Big Bang* esperábamos que cada vez se expandiera más lentamente, resulta que no. Parece que de alguna manera se está bombeando energía porque cada vez se expande más rápido.

6. La energía oscura.

Una explicación de la aceleración de la expansión del universo es que el universo posee energía 'oscura', desconocida, no detectada, que acelera la expansión del universo.

La cantidad de esta energía oscura debe ser enorme y llena todo el espacio. Para más sorpresa, el 75% de lo que hay en el universo debe ser esta energía oscura y por aquí cerca no está ni se la espera. Este es uno de tantos aspectos que revelan un cierto 'agotamiento' del modelo estándar.

7. La materia oscura.

Pero si sumamos toda la masa 'visible' del universo, resulta que los efectos gravitatorios y otras mediciones indican que debe existir gran cantidad de materia también oscura para justificarlos.

La conclusión es que los objetos del universo son un 75% de energía oscura, un 21% de materia oscura y sólo el 4% lo que conocemos. Un enorme interrogante porque ello quiere decir que el universo nos esconde casi todo lo que existe.

8. Resumen.

La impresión que se tiene juntando esta lista es de inquietud e insatisfacción. La sensación de que desde principios del siglo XX se ha avanzado sobre un paradigma que se ha ido ajustando a la realidad, que es excelente por su predictibilidad pero que hace aguas por todas partes desde el punto de vista de la elegancia formal. Se proporcionan 'trucos' ad-hoc para que el modelo funcione, y funciona, pero sabiendo que cada vez es menos satisfactorio.

La salida es aplicar las fórmulas conocidas y no intentar interpretar más allá de ellas el modelo.

"Una partícula puede aparecer de la nada, estar en dos sitios al mismo tiempo, comportarse como onda o corpúsculo dependiendo de cómo se la mire, atravesar paredes, compartir conexiones fantasmales (en

palabras del propio Einstein) a pesar de estar separadas, y muchas otras aparentes extravagancias" Dice **Sonia Fernández-Vidal** en *Desayuno con partículas*. *"Frente a ello calcula y calla. No interpretes las fórmulas."*

La postura defensiva frente a todo ello es negar la existencia de un universo absoluto más allá de lo que podemos medir. Pasar esta raya nos lleva a contradicciones, por lo tanto, no la pasemos. Si la pasamos entonces estamos filosofando lo que ya no es ciencia. O estamos elucubrando matemáticamente, como las teorías de la gran unificación propuestas, que proponen modelos no verificables del mundo, extraordinariamente sofisticados.

Una vez visto que no estamos frente a un problema baladí, sino que la física de lo muy grande y de lo muy pequeño se encuentran en un impase, vamos a desentrañar algunos elementos que pueden aportar claridad y anticipar posibles respuestas a estos problemas.

7. LA GEOMETRÍA DEL MODELO.

7.1 EL ESCENARIO DE LAS PARTÍCULAS.

Nos vamos a adentrar en el mundo de lo más pequeño, y lo vamos a hacer de forma algo heterodoxa. Para empezar, estableceremos un modelo geométrico del universo, que nos llevará de forma natural a reconocer unas interacciones básicas: la fuerza nuclear fuerte, la electromagnética y la gravedad, con las que a continuación describiremos las propiedades de unas primeras partículas, el neutrino, el electrón y el quark, a partir de las cuales se construyen el resto y finalmente descubriremos otra interacción, la fuerza nuclear débil. El objetivo es dibujar, ni que sea en con pinceladas gruesas, el bosque cuyos árboles son las partículas y las interacciones.

En primer lugar, postularemos que el universo real es un poco distinto del que conocemos.

El universo que medimos es una proyección en cuatro dimensiones de un universo real de cinco dimensiones. A la nueva dimensión la llamaremos u de *unseen* por invisible u oculta, por consiguiente, un suceso viene definido por cinco valores (x, y, z, t, u).

Las tres direcciones espaciales x, y, z son equivalentes e intercambiables y nos referiremos a ellas de forma genérica con la letra s de *space*. La dimensión u describe una curva cerrada. La dimensión t es imaginaria y es la única para la que el sentido positivo y el sentido negativo son intrínsecamente distintos.

Al distinguir para la dimensión temporal el futuro del pasado, el resto de las dimensiones distinguen curvaturas monte, valle, dextrógira o levógira con relación a ella. Si dibujamos un sistema de referencia s-t, en el que el tiempo avanza en vertical hacia arriba, entonces s puede doblarse formando un monte o formando un valle sobre el papel. Si tenemos en cuenta otra dimensión, puede doblarse además saliendo del papel o hundiéndose en él.

Así: Derecha–Izquierda para x, Delante-Detrás para y, Arriba–Abajo para z y Posterior–Anterior (por llamarlos de alguna manera) para u, son inicialmente equivalentes. Futuro y Pasado para t son distintos. Entonces mirando al Pasado, Derecha e Izquierda están invertidas de mirando al Futuro y girar en el sentido de las agujas del reloj o en contra también y doblarse hacia el futuro o al pasado también.

Esta propuesta no es tan extravagante como puede parecer. Ya fue desarrollada en la teoría de Kaluza-Klein en el primer cuarto del siglo XX, para unir la relatividad con las leyes de Maxwell de la fuerza electromagnética.

En segundo lugar, a diferencia del universo 'real', el universo medible es particular de cada observador. Una medición es el resultado de una observación efectuada desde un sistema de referencia 'sujeto' sobre otro sistema de referencia 'objeto'. La ciencia y en general nuestra visión del mundo parte de la suposición de que cuando no miramos un objeto, éste sigue existiendo igual. Esto puede parecer una perogrullada, pero en el mundo de lo muy pequeño puede no ser así. Cuando miramos un objeto quizás lo alteramos igual que un crío puede romper un juguete para ver lo que hay dentro. Pero cuando no lo miramos, no tiene porqué definirse en ser alguna cosa concreta, sino que puede ser varias cosas a la vez, y lo que es peor, dos observadores podrían ver cosas distintas en situaciones similares. Así que cuando medimos objetos u observamos eventos similares, el resultado es impredecible de forma determinista y sólo podemos anticipar la probabilidad con la que obtendremos distintos resultados.

En tercer lugar, los sistemas de referencia del observador llamémosle sujeto (s, t, u) y el del objeto (s', t', u') están alineados en los experimentos clásicos. Pero están ligeramente rotados cuando ambos se desplazan entre sí a velocidades no relativistas. Por último, los tiempos pueden llegar a ser perpendiculares a la velocidad de la luz o en el límite de un agujero negro, sin embargo, los sistemas de referencia en los experimentos con partículas son cualesquiera, es decir las dimensiones son intercambiables y están imbricadas. En el primer caso hablamos de decoherencia en los sistemas clásicos.

Por último, las predicciones son ciegas, excepto en el momento de la medición de una partícula, el choque, el momento en el que se alinean los sistemas de referencia del observador y el de la partícula, colapsándola.

A partir de aquí varias consideraciones.

Los objetos que llamamos materia son aquellas partículas cuyo tiempo está alineado con, o se proyecta sobre, el tiempo del observador y el sentido coincide, es decir el pasado y el futuro de ambos es el mismo.

Los objetos que llamamos antipartículas o antimateria son los mismos con el tiempo en sentido inverso al del observador.

Los objetos en movimiento que podemos observar tienen el eje del tiempo t rotado y por consiguiente el observador percibe sólo una proyección del objeto real.

Para visualizar la dificultad de este escenario, supongamos que miramos el tráfico en una carretera, identificando cada auto, su marca, color, velocidad, dimensiones... mientras estamos circulando por la misma. El observador no está quieto en un semáforo, sino que debe hacerlo no ya en una carretera de doble sentido sino en un coche sobre una pista de coches de choque. Divertido. Todas las mediciones son por diferencia y aunque la pista es absoluta, las mediciones son relativas, por diferencia e imposible de afinar con exactitud porque cuando intentamos ser exactos chocan observador y objeto alterando la relación medida después y la que existía antes.

En este universo el eje del tiempo marca un flujo desde un antes hacia un después para cada sistema de referencia, como un río. Como estamos hablando del propio tiempo, le llamaremos *fluzo* por la película *Regreso al futuro*.

Visto de otra manera, desde el punto de vista de un constructor divino, podemos crear posibles universos 'potenciales' añadiendo dimensiones desde un universo de un punto (cero dimensiones) hasta obtener el nuestro de cinco dimensiones. Otra posibilidad es pensar que el número de dimensiones del universo es infinito pero que se condensa en cinco. El resto sobran. Luego veremos que quizás este número tiene una justificación termodinámica, porque es el universo que maximiza su volumen para un radio unitario (en el apartado sobre la materia y energía oscura).

Si el universo sólo estuviera formado por las tres dimensiones espaciales, no pasaría nada en él. Al añadir el tiempo y *unseen* se crea el *fluzo* en el que se disponen los objetos elementales y medran. Se trata de las condensaciones del *fluzo*.

Las rugosidades que se producen de forma continua al azar en el *fluzo* forman objetos que pueden ser puntos o líneas o planos o volúmenes tridimensionales, etc. Son fluctuaciones que se crean en el *fluzo* de todas las formas posibles, todas inestables excepto unas pocas. Aquí se produce un caso de cuantización.

Desde un universo formado por una sopa de todas las posibles fluctuaciones, pasamos a un sistema discreto, con unos ladrillos permitidos y eliminamos el resto de las opciones. Este proceso de discretización crea una serie de partículas permitidas, que encajan entre sí y son estables en el *fluzo,* que serán los ladrillos a partir de los cuales construir la materia-energía y que dejan el resto de las opciones posibles como curiosidades. Esto lo podemos llamar la condensación del *fluzo* en las partículas del universo.

Definido el universo de esta forma, vamos a desarrollar el inventario de las fuerzas y luego las partículas.

7.2   Las dimensiones y las fuerzas del universo.

Si no existiese ninguna de las cuatro fuerzas, el universo sería un objeto estático. Las cuatro interacciones hacen 'acercar' o 'rechazar' a las partículas entre ellas. La disposición las hace además encajar de determinadas formas.

Existen cuatro fuerzas fundamentales. De ellas, la gravedad y la fuerza electromagnética actúan a cualquier distancia, mientras que las dos fuerzas nucleares afectan sólo al núcleo de los átomos porque actúan a distancias cortas o en contacto.

La fuerza gravitatoria dobla la dimensión del tiempo haciendo converger en el futuro las trayectorias de las partículas, lo que se percibe como una fuerza de atracción. Es una fuerza muy suave, difícil de medir con precisión. Si colgamos dos bolas e intentamos medir cuánto se acercan, el efecto es mínimo. Peor en el caso de partículas. Sin embargo, para objetos del tamaño de la Tierra, la Luna o las estrellas, la gravedad determina su evolución por movimientos de rotación, traslación y porque la gravedad los aplasta hasta que una de las otras fuerzas la compensan… o no y pasa a convertirse en una estrella de neutrones o finalmente en un agujero negro.

La fuerza electromagnética sigue también la ley del cuadrado de la distancia, es bastante fuerte como para atraer los electrones a los núcleos y lo bastante débil para que los fotones rompan estos enlaces a las temperaturas de la Tierra. La fuerza electromagnética es la responsable de la química, y es la luz. En este texto, la fuerza electromagnética es el resultado de la curvatura de la dimensión oculta u (*unseen*) en el plano con una dimensión espacial respecto a la dimensión temporal.

La fuerza nuclear fuerte es tan fuerte que en cierta manera 'no existe'. Los electrones existen con carga negativa y los protones existen con carga positiva, pero no existen quarks libres de color rojo, verde o azul, sino que siempre se agrupan en objetos neutros, sin color. El color es un artefacto conceptual que funciona para explicar las parejas o los tríos de quarks que se observan pero que nadie los ha visto libres. En este texto, la fuerza nuclear fuerte es el resultado de la curvatura de cada una de las tres dimensiones espaciales respecto a la dimensión temporal.

Con la fuerza nuclear débil pasa otro tanto y lo que es peor, con la distancia en seguida desaparece. Si la gravedad 'difunde' su efecto siguiendo la ley del cuadrado de la distancia (como se expanden los puntos de la superficie de un globo), la fuerza débil, en cambio, actúa sobre las partículas que prácticamente se abrazan. Debemos intuirla como el efecto del rozamiento que ejerce el paso del tiempo sobre los objetos. Las partículas se disponen en el universo de forma que presenten la mínima resistencia a las vibraciones del tiempo.

Además de estas fuerzas, las partículas se emparejan por propiedades que se compensan entre ellas como los espines.

7.3 LOS NÚMEROS CUÁNTICOS

Para describir una partícula debemos hablar de sus propiedades. Si las propiedades de una persona son su color de pelo, de ojos, su carácter o su altura, en el caso de las partículas establecemos una serie de propiedades de forma que, para una partícula dada, la propiedad existe o no existe y si existe, qué valor toma entre los posibles valores.

A diferencia de las personas, todas las partículas de un tipo son idénticas entre sí, sin matices, es decir indistinguibles excepto en aquella propiedad para la que pueda tomar varios valores distintos.

Así que antes de inventariar las partículas subatómicas, veamos las posibles propiedades que pueden poseer. Estamos hablando de la masa en reposo, la carga eléctrica, la carga de color y varios espines.

Cada una de las propiedades queda reflejada en un número que se llama número cuántico. Algunos son variables continuas, es decir, que pueden tomar cualquier valor mientras que otras sólo pueden tomar valores discretos, naturales, enteros (0, 1, 2, ...) o fracciones (por ejemplo 1/2, 2/2, 3/2).

La masa en reposo es la 'carga' en relación con la fuerza de la gravedad de una partícula y se mide por su resistencia a la aceleración (cambios de cantidad o/y dirección de su velocidad desde el reposo) y su sensibilidad a otras masas (su peso). Siempre es positiva, porque siempre es atractiva. Incluso la masa de la antimateria (sea lo que sea la antimateria) es positiva y atractiva. Se trata de una variable continua, es decir que parece que puede tomar cualquier valor, pero probablemente sea discreta y su unidad muy pequeña.

La carga eléctrica es la sensibilidad de un objeto a un campo electromagnético. La carga no es una variable continua, sino que es una variable discreta, es decir, existe una unidad de carga eléctrica, la del electrón que se toma como la unidad negativa de carga. Algunas partículas tienen carga que es múltiplo de la carga del electrón. Una vez, dos, tres... negativa o positiva.

Esta norma se cumple incluso para los quarks que tienen cargas de -1/3 y +2/3, porque los quarks están siempre agrupados en objetos neutros o con carga entera. Nunca están libres.

Algunos objetos no tienen carga y se dice que son neutros. Otros tienen carga eléctrica positiva o negativa y se llaman positivos y negativos porque son sensibles a los campos electromagnéticos.

La carga de una partícula no cambia nunca por un problema del lenguaje. Por ejemplo, se llama positrón al electrón con carga positiva, pero probablemente es mejor considerar que es la misma partícula observada de manera distinta. La misma diferencia que hay entre la observación de una persona cuando va y cuando viene, sucede con el electrón y su flecha del tiempo. El positrón puede ser un electrón rotado o una partícula distinta con nombre propio.

La carga de color es la sensibilidad de un objeto a la fuerza nuclear fuerte. También es una variable discreta, pero tiene tres valores distintos. Como la descripción con signo positivo y negativo no vale, se recurrió a los colores RGB para tratarlos.

Jorge Aymerich

Las partículas que sienten la carga de color se llaman quarks y tienen un color R, G, B o un anticolor (-R, -G, -B).

Un quark tiene un color cualquiera en un instante dado, pero puede cambiar a otro color y de hecho cambia continuamente. En el protón y en el neutrón hay tres quarks cada uno de un color distinto, que van cambiando de color, de forma que el objeto sea siempre blanco (tenga los tres). Este baile puede ser similar a la oscilación de los neutrinos que ya veremos.

Tenemos así tres fuerzas: con una, con dos y con tres cargas.

Las fuerzas causan el movimiento de las partículas, pero los espines permiten o prohíben determinadas disposiciones de las partículas. Sigamos con los tres espines distintos.

Cada espín es una propiedad que pueden poseer las partículas y toman valores discretos, aunque no los números naturales. Algunas partículas tienen espín múltiplos de un entero; 0,1,2,3. Otras partículas tienen espín semi-entero. La diferencia entre unas y otras es que las primeras, cuando giran 180 grados muestran lo mismo, mientras que las segundas, han de girar 360 grados para mostrar la misma cara. La letra A si la volteamos sobre el papel sigue siendo la A. La letra B, si se voltea queda al revés mirando a la izquierda. Hay que darle un segundo giro por debajo del papel para recuperar la B original.

El espín es una propiedad que poseen todas las partículas y clasifica las partículas en bosones (de espín entero) y fermiones (de espín semi-entero). El espín semientero es una propiedad de las partículas que tienen proyección sobre el tiempo (masa), excepto el neutrino que carece de proyección sobre el resto de dimensiones.

El isospín débil y el isospín son similares, pero volteando la partícula sobre otras dimensiones. En estos casos siempre es semi-entero.

Si consideramos que las partículas con espín entero carecen de la propiedad espín, o la propiedad espín no dice nada nuevo sobre estas partículas, entonces una partícula puede tener o sentir cero, uno, dos o los tres espines semi-enteros según sus posibilidades de rotación.

En resumen, tenemos 6 posibles propiedades de cada partícula. El conjunto de las propiedades determina su comportamiento y su forma de interacción con otras partículas. Ahora conocidas las fuerzas, conocidas las propiedades, pasamos ya a inventariar las partículas empezando por la más simple.

Antes, sin embargo, remarcar que todas las partículas sienten la fuerza nuclear débil, que como hemos mencionado anteriormente actúa como un viento que las arrastra a todas y las voltea buscando la disposición en la que están con menor energía.

Para cada partícula trazaremos una representación visual que nos va a facilitar comprender sus propiedades.

Hablaremos de cada antipartícula, que son las mismas partículas vistas marcha atrás en el tiempo.

Hablaremos de los sabores de cada partícula. Cada partícula tiene tres sabores, uno básico y dos más que son la misma partícula con mayor masa. La fuerza nuclear débil, repetimos, hace decaer las partículas al sabor básico.

En resumen, las partículas pueden tener cero, una, dos, tres cargas y cero, uno, dos, tres espines y un sabor.

7.4 LA ORGANIZACIÓN DEL MODELO.

En lo que sigue vamos a describir las partículas y las interacciones siguiendo un orden un tanto especial, porque no seguiremos un orden cronológico de descubrimiento, ni tampoco según su importancia o abundancia, sino que seguiremos un orden de complejidad creciente.

Empezaremos por la partícula más simple, el neutrino, luego veremos el electrón y luego el quark *up*. En este punto cerraremos las partículas elementales y fundamentales y tendremos una visión de sus sabores en la segunda y tercera generación y sus antipartículas. A partir de aquí podemos introducir el quark *down* como un reflejo del quark *up* y con los dos quarks, el *up* y el *down*, podremos construir el protón y el neutrón, los dos componentes del núcleo atómico.

Luego veremos el gluón, que es el bosón que transmite la fuerza nuclear fuerte y que domina el comportamiento de los quarks, luego el fotón que transmite la fuerza electromagnética y por último los bosones intermediarios que nos ayudarán a comprender la fuerza nuclear débil.

A pesar de esta ordenación, sin embargo, no debemos perder de vista el modelo estándar de las partículas tal como se describe hoy, que vamos a repasar de nuevo.

Las partículas se clasifican en dos grupos: los bosones que son los huecos, curvas de las dimensiones del universo en los que se acomodan los fermiones. Fermiones son los quarks y los leptones.

Los bosones intermediarios, lo veremos más adelante, son estados intermedios del decaimiento de algunas partículas resultado de la fuerza nuclear débil.

Los fermiones ocupan huecos, por consiguiente, en el mismo sitio no caben dos y tienden a disponerse y a encajarse en configuraciones estables de mínima energía, es decir compensando cargas y espines y ofreciendo la mínima resistencia al paso del tiempo.

En el esquema 10 tenemos la clasificación habitual de los fermiones.

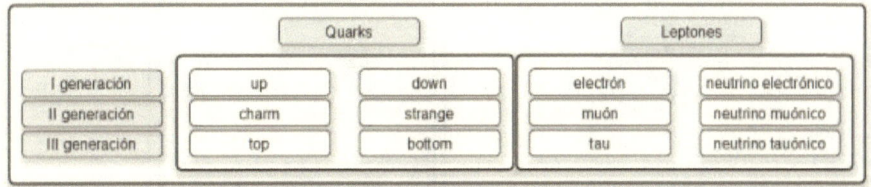

	Quarks		Leptones	
I generación	up	down	electrón	neutrino electrónico
II generación	charm	strange	muón	neutrino muónico
III generación	top	bottom	tau	neutrino tauónico

Esquema 10 Fermiones

Estableceremos nueve postulados sobre un universo de cinco dimensiones (x, y, z, t, u), de las cuales las tres primeras se llamarán genéricamente s:

- La fuerza gravitatoria surge de la curvatura de la dimensión t, extraordinariamente suave y aparentemente continua y diferente en sus dos sentidos.
- La fuerza electromagnética surge de la curvatura de la dimensión u, discreta.
- La fuerza nuclear fuerte surge de la curvatura de cada dimensión s, discretas e iguales.
- La masa es proporcional a la proyección de una partícula

sobre la dimensión t.

- La carga eléctrica es proporcional a la proyección de una partícula sobre la dimensión u.
- La carga de color es proporcional a la proyección de una partícula sobre una dimensión s.
- El neutrino es una partícula lineal sobre el eje del tiempo t.
- El electrón es una partícula bidimensional sobre el plano t-u.
- El quark es una partícula tridimensional sobre un volumen s-t-u.

En el esquema 11 tenemos el esquema de las tres partículas elementales fundamentales y en esquema 12 las fuerzas que actúan sobre ellas y determinan su comportamiento y sus interacciones.

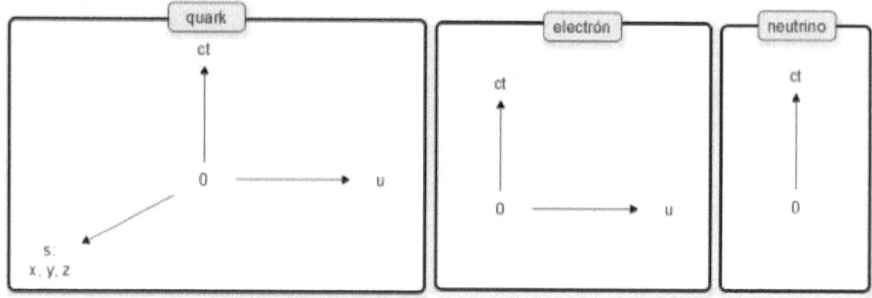

Esquema 11 Partículas elementales básicas

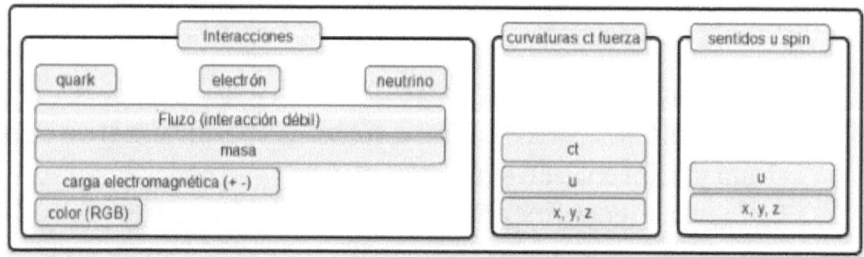

Esquema 12 Interacciones

8. LAS PARTÍCULAS

8.1 EL NEUTRINO Y LA MASA

La primera partícula elemental por su simplicidad es el neutrino. El neutrino sólo tiene masa y es una masa muy pequeña. Visualmente podemos imaginarlo como un hilo que vibra en la dimensión del tiempo. Esta ligera curvatura sobre el tiempo es su masa si consideramos que la masa no dobla el espacio-tiempo, sino que sólo dobla la dimensión tiempo del objeto.

Los neutrinos son partículas unidimensionales sobre el eje del tiempo, que tanto da si están orientadas a futuro o al pasado, sus antipartículas son ellas mismas.

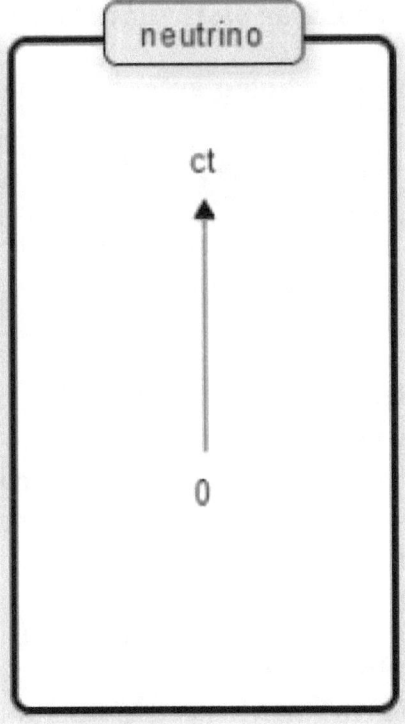

Esquema 13 Neutrino

Los neutrinos son unas partículas muy esquivas porque ignoran las fuerzas intensas de los campos electromagnéticos y la fuerza nuclear fuerte y por el contrario sólo sienten la gravedad que es extraordinariamente débil y la fuerza nuclear débil.

La mayor parte de los neutrinos que se crean en las reacciones nucleares del sol atraviesan la Tierra sin enterarse de su existencia, porque los átomos de la Tierra con los que se cruzan están casi vacíos. Si el núcleo de un átomo fuese del tamaño de una pelota de fútbol (un palmo, por ejemplo) los electrones estarían a dos Km de distancia y en medio hay espacio vacío. Los neutrinos no sienten la carga electromagnética de los electrones. Sólo cuando un neutrino choca directamente contra el núcleo o

Jorge Aymerich

quizás contra un electrón (aún más improbable) hay un suceso significativo para la física de partículas.

Los neutrinos fueron predichos antes de ser detectados porque en un proceso asociado a la radioactividad llamado desintegración beta, faltaba una partícula para cuadrar las propiedades de la materia que intervenía con las propiedades de las partículas resultantes. A esa pequeña diferencia no detectada se la llamó neutrino por ser neutra, sin carga. Posteriormente se consiguió detectar en el laboratorio.

Actualmente existen varios detectores de neutrinos en la Tierra, que son piscinas enormes de líquido muy puro bajo tierra para evitar choques falsos, con gran número de detectores de luz que esperan durante años el resplandor del choque de un neutrino solar con un núcleo.

El neutrino tiene un espín de valor ½, lo que quiere decir que podría ser detectado dextrógiro o levógiro, pero en la naturaleza sólo se encuentra una de las dos opciones por la misma razón que la masa es siempre atractiva.

Su antipartícula es el antineutrino, que es exactamente igual que el neutrino por ser unidimensional. Todas las partículas fermiones son distintas a sus antipartículas excepto el neutrino. Esta propiedad que comparte con los bosones se refiere como que son fermiones de Majorana.

En cuanto a la fuerza nuclear débil, los neutrinos tienen tres sabores (tres generaciones). De más ligera a más pesada, son el neutrino electrónico, el neutrino muónico y el neutrino tauónico. La única diferencia entre los tres es la masa. Los neutrinos oscilan entre los tres sabores mientras viajan por el espacio entre el sol y la Tierra, porque las pequeñas diferencias de masa hacen que sus velocidades sean distintas. El caso es que, aunque en el sol se crean sólo neutrinos electrónicos, llegan a la Tierra con los tres sabores.

El premio Nobel de física de 2015 se concedió al japonés Takaaki Kajita. y al canadiense Arthur B. McDonald por demostrar experimentalmente que la oscilación es real y que por ello los neutrinos tienen masa. En el modelo estándar no quedaba demostrado claramente.

Así los neutrinos, al ser hilos unidimensionales, oscilan entre los tres sabores y podríamos decir que también oscilan entre partícula y antipartícula, porque son idénticas. Esta indefinición emerge de su simplicidad dimensional. Su espacio-tiempo carece de referencias que lo anclen estableciendo una dirección privilegiada sobre las demás.

Tabla 4 Las propiedades de los neutrinos

Partícula	Neutrino electrónico	Neutrino muónico	Neutrino Tauónico
Símbolo	V_e	V_μ	V_τ
Masa	< 2 eV	< 190 eV	< 18.200 eV
Carga	0		
Spin	½		
Fuerzas	Fuerza nuclear débil Gravitatoria		

8.2 El electrón y la carga electromagnética.

La segunda partícula, un poco más compleja, es el electrón.

El electrón tiene masa y tiene carga eléctrica unitaria, por consiguiente, siente la fuerza gravitatoria y la fuerza electromagnética. Como la fuerza gravitatoria es muy débil y su masa muy pequeña, su comportamiento depende, en la práctica, exclusivamente de la carga eléctrica. Repele con intensidad a otros electrones y se siente atraído por las partículas positivas como los positrones o los protones.

El electrón no siente la fuerza nuclear fuerte, es decir, ni tiene color ni lo siente.

El electrón tiene espín ½ por lo que se puede detectar dextrógiro o levógiro.

Su antipartícula es el positrón, que es exactamente igual con la carga eléctrica positiva.

El electrón construye objetos estables neutros, como los átomos, neutralizando las cargas positivas del núcleo del átomo con sus cargas negativas. Por otra parte, la colisión de un electrón y un positrón es una aniquilación materia-antimateria que produce sólo energía (dos fotones que emergen perpendicularmente al eje del choque).

Los sabores del electrón son tres, cuyas masas siguen la fórmula de Koide que veremos más adelante. Se trata, por masa creciente, del electrón, el muón y el tauón. Los dos últimos decaen rápidamente en el electrón como consecuencia del arrastre de la fuerza nuclear débil.

Debemos visualizarlo como dos hilos perpendiculares unidos en un punto que vibran sobre dos dimensiones, el tiempo y la quinta dimensión u. Como en el caso del neutrino, la ligera curvatura sobre la dimensión del tiempo es o causa su masa, mientras que la curvatura de la quinta dimensión u causa la carga eléctrica.

Ahora debemos observar que la flecha del tiempo tiene un sentido privilegiado pasado-futuro que en los neutrinos es irrelevante, pero no aquí. Pensemos sólo en las dos dimensiones sobre las que vibra el electrón.

Por una parte, afecta al punto de unión de los dos hilos respecto a la flecha del tiempo y también a la curvatura de la quinta dimensión en relación con la dimensión del tiempo puede ser un monte, un valle, lateral a la izquierda o lateral a la derecha.

Tabla 5 Las propiedades de los electrones

Partícula	Electrón	Muón	Tau
Símbolo	e	μ	τ
Masa	0,5 MeV	106 MeV	1780 MeV
Carga	-1		
Spin	1/2		
Fuerzas	Fuerza nuclear débil Fuerza gravitatoria Fuerza electromagnética		

Con el electrón entramos en el mundo de la fuerza electromagnética que es mucho más intensa que la fuerza gravitatoria y se expande igual que ella por el espacio. La fuerza electromagnética se transmite por el espacio y su intensidad disminuye según la ley del cuadrado de la distancia, como la gravedad.

La fuerza electromagnética, a diferencia de la gravitatoria, tiene dos opciones, que se llaman carga positiva y negativa. Las disposiciones de mínima energía son aquellas que neutralizan la carga positiva con la negativa, lo que se observa como una fuerza de atracción entre cargas opuestas y también de repulsión entre cargas iguales.

La carga electromagnética se mide por múltiplos de un único valor, en positivo o en negativo, que podemos llamar unidad absoluta, universal, natural de carga. Es la carga del electrón. Desgraciadamente la historia estableció que la carga del electrón sea negativa y la del protón o la del positrón positiva, pero hubiera sido más consistente que fueran al revés, es decir, la carga del electrón positiva y su antipartícula con carga negativa.

La carga eléctrica no varía de medida con la velocidad. Un electrón se observa con la misma carga cuando está quieto y cuando se mueve a velocidades cercanas a la de la luz.

Los electrones son así partículas elementales bidimensionales, con una proyección sobre la dimensión oculta u, que les proporciona la carga y otra proyección sobre el eje del tiempo que les proporciona la masa.

Los electrones carecen de proyección sobre el espacio, pero cuando están en movimiento sobre una de las dimensiones espaciales, la rotación relativista del eje del tiempo arrastra la dimensión oculta perpendicular u que se proyecta entonces sobre dos dimensiones del espacio creando un campo magnético y eléctrico.

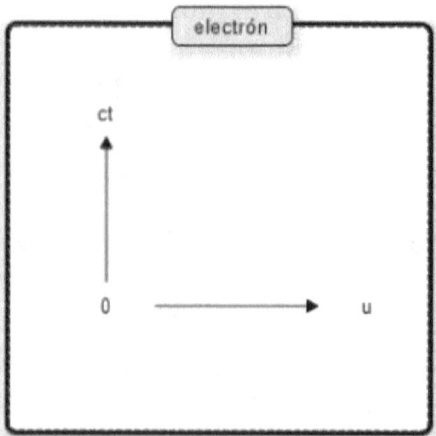

Esquema 14 Electrón

La carga electromagnética es la manifestación de la curvatura de la dimensión oculta u respecto al eje del tiempo. Una partícula que se proyecta sobre la dimensión oculta u, dobla esta dimensión creando un valle o un monte sobre la dimensión del tiempo. A uno se lo llama carga negativa y al otro, carga positiva. Las partículas cargadas buscan neutralizar ambas curvas.

La antipartícula del electrón es el positrón o antielectrón, que es el mismo electrón con el eje del tiempo al revés. El eje oculto u le proporciona carga eléctrica positiva y el eje del tiempo, le sigue proporcionando masa.

Los electrones viven en un universo de valles y montes de la dimensión oculta u, en temblor permanente y oculto. La carga electromagnética es inmune a la relatividad porque va con la luz a la velocidad de la luz en el vacío.

La dimensión oculta u tiene dos tipos de curvaturas: unas suben y bajan sobre el eje tiempo y las otras son perpendiculares. Esta últimas conforman el espín del electrón. Un electrón puede ser de mano izquierda o de mano derecha si miramos los dedos levantando el pulgar de cada mano. Dos electrones cuando están juntos se deberían repeler y alejar, pero se emparejan de forma complementaria. Uno de mano izquierda con uno de mano derecha señalando ambos al futuro y ambos en valles del tiempo. Con ello quieren compensar las dos curvas del eje u. Aunque esto nunca se ha expresado como una fuerza de atracción entre los electrones negativos, podría plantearse de esta manera.

Las curvaturas de la dimensión oculta u en forma de espín y de carga son equivalentes y por ello la carga se mide en valores enteros positivos y negativos, 1, 2, 3... La carga es un monte o valle en el plano t-u, mientras que el espín está sobre el plano s-u.

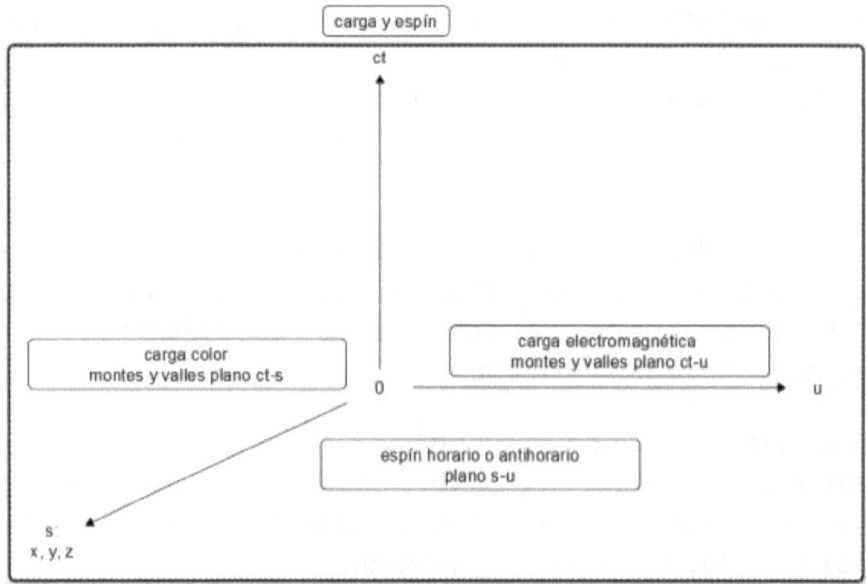

Esquema 15 Carga y espín

8.3 LOS GLUONES Y LA CARGA DE COLOR.

Tras el neutrino y el electrón, vamos a hacer una incursión para explicar los bosones portadores de la fuerza nuclear fuerte, que en una primera lectura no son relevantes para comprender el quark que es el tercer fermión elemental y fundamental y que viene a continuación, pero que tienen su hueco en el modelo estándar. Los gluones parecen muchos y complicados, pero acaban teniendo una lógica bastante simple, como veremos ahora.

El universo tiene tres dimensiones espaciales, x, y, z. Estas tres dimensiones no son tres líneas rectas, sino que vibran ligeramente creando montes y valles (en relación a la dimensión del tiempo). A los valles se los llama colores y a los montes anticolores.

Este nombre se justifica porque cuando se bautizaron se tomó el modelo de los tres colores rojo, verde, azul (RGB por Red, Green, Blue) que juntos hacen el color blanco.

Estas vibraciones se compensan entre ellas formando los gluones, siguiendo algunas reglas simples.

Un monte y un valle sobre una de las dimensiones espaciales x, y, z se pueden compensar creando un anillo de ida y vuelta. O visto de otra forma, sobre una de las tres dimensiones, un monte más un valle forman un bucle cerrado. Son los gluones de color y anticolor, de los que hay tres: rojo-antirojo, verde-antiverde y azul-antiazul

Un monte y un valle sobre dos dimensiones también son válidos, por ejemplo, rojo-antiverde. Por el contrario, monte y monte o valle y valle no se dan.

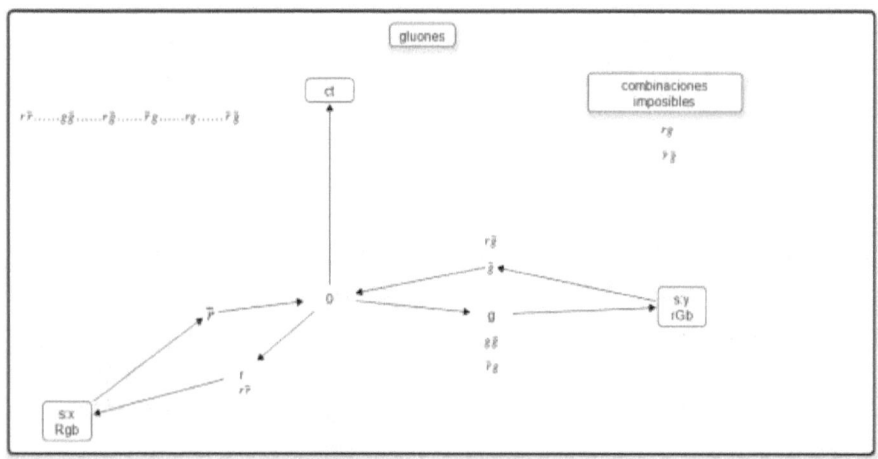

Esquema 16 Gluones

En la versión clásica: Los gluones son las partículas portadoras de la fuerza nuclear fuerte. Los gluones son parejas color-anti-color.

En esta visión: Los gluones son curvas dobles que se compensan en las dimensiones espaciales en las que se acunan ellos mismos o los quarks. Pero no se deben ver como objetos estáticos, sino como un temblor permanente de las tres dimensiones del espacio de las cinco del universo.

Los gluones son idénticos respecto al sentido de la flecha del tiempo, es decir son sus propias antipartículas porque su proyección sobre la dimensión del tiempo se compensa.

Independientemente de si pueden existir aislados, se miden experimentalmente sólo ocho superposiciones de combinaciones de gluones, porque las mediciones no pueden distinguir entre determinados estados. Podríamos decir que la medición se efectúa desde una dimensión que deja dos curvaturas de las otras dimensiones indistinguibles entre sí, y no por un problema resoluble en un futuro o mentalmente, sino por un problema inherente a la esencia de la medición del gluón.

Este es un ejemplo de una de las consecuencias más llamativas de la mecánica cuántica: la superposición de estados. Vamos a justificar porqué se produce y hasta dónde tiene implicaciones en los gluones.

Se habla de superposición de estados para referirnos a propiedades de las partículas que

- pueden tomar varios valores, pero

- son indistinguibles mediante experimentos o

- sólo al ser medidas colapsan en uno de ellos.

Supongamos que intentamos conocer los colores de un gluón.

Nunca podremos conocer el par concreto de colores de un gluón porque el acto de la medición se realiza desde una dimensión que es incapaz de distinguir entre las otras dos.

Por ejemplo, el gluón rojo-antiazul y el gluón antirojo-azul son indistinguibles desde verde, por consiguiente, después de una medición nunca sabemos cuál de los dos hemos encontrado.

Los dos gluones son indistinguibles para el observador 'medidor' (que es otra partícula) o/y ambos son una vibración el uno del otro.

Sabemos lo que son los gluones, sabemos cómo se comportan, cómo funcionan, pero el universo no nos permite medirlos más que de esta forma limitada. Este no es un problema de la medición que se podrá mejorar, sino que es intrínseco a la estructura del universo donde un 'sujeto' mide una propiedad de un 'objeto' ambos dentro del universo.

La superposición de los gluones se añade al principio de incertidumbre en la cruzada del universo por ocultarse a los físicos.

Vistas las vibraciones de las tres dimensiones espaciales, los colores, vamos a abordar la primera partícula que las siente.

8.4 EL QUARK UP

La tercera partícula estable, un poco más compleja que el electrón, es el quark *up*.

El quark *up* tiene las tres propiedades: masa, carga eléctrica i carga de color. Esto quiere decir que siente los campos gravitatorios, los campos electromagnéticos y también la fuerza nuclear fuerte.

Como la fuerza más intensa de las tres es la fuerza nuclear fuerte, ésta es la que gobierna su comportamiento.

Al igual que en el caso de los electrones construye objetos neutros estables, para ello se unen varios quarks cada uno de un color distinto.

En el caso del neutrino y en general con la masa no hay posibilidad de construir objetos neutros, porque la masa siempre suma.

Con los electrones, existen objetos con carga eléctrica relativamente estables en el tiempo, pero con los quarks hay una diferencia: no existen quarks sueltos porque mientras que las otras dos fuerzas disminuyen con el cuadrado de la distancia, la fuerza nuclear fuerte no sólo es muy intensa, sino que aumenta con la distancia, actuando como un muelle que impide a las partículas separarse excesivamente. Si se intentan separar los quarks, la energía necesaria para separarlos acaba creando un par de quarks de color complementario (anticolor) de forma que obtenemos dos pares de quarks en lugar de los dos quarks originales. Se llama confinamiento a la imposibilidad de separar los quarks de una partícula.

En cuanto a los espines, el quark *up* tiene los tres posibles espines: el isospín débil, el isospín y el espín.

Su isospín débil es ½, su isospín es ½, y su espín ½.

Su antipartícula es el antiquark *up* o quark anti-*up* que tiene la misma carga eléctrica con el signo cambiado.

Los sabores del quark *up* son tres. Se trata del *up* (arriba), el *charm* (encanto) y el *top* (cima). Los dos últimos decaen rápidamente por el arrastre de la fuerza nuclear débil en el quark *up*. La única diferencia entre los tres es la masa.

Tabla 6 Las propiedades de los quarks de tipo up

Partícula	Quark *up*	Quark *charm*	Quark *top*
Símbolo	u	c	t
Masa	3 MeV	1.240 MeV	172.500 MeV
Carga	+2/3		
Spin	1/2		
Fuerzas	Fuerza nuclear débil Fuerza gravitatoria Fuerza electromagnética Fuerza nuclear fuerte		

Los quarks son partículas que se acomodan en los montes y valles que forman los gluones.

Podemos visualizarlos como tres hilos unidos en un punto que vibran sobre tres dimensiones: el tiempo, la quinta dimensión y una de las tres dimensiones espaciales. La rama sobre una de las tres dimensiones del espacio es el origen del color. Son necesarios tres quarks, cada uno sobre cada una de las tres dimensiones espaciales, para construir una partícula subatómica compuesta estable. Pero no son condición suficiente porque tres quarks *up* de distinto color no forman una estructura estable, como se verá más adelante.

Los quarks son objetos con tres dimensiones de las cinco del universo. Los quarks poseen sólo tres ejes. Un eje espacial, x, y o z para el color, más el eje u que les proporciona carga, más el t para la masa.

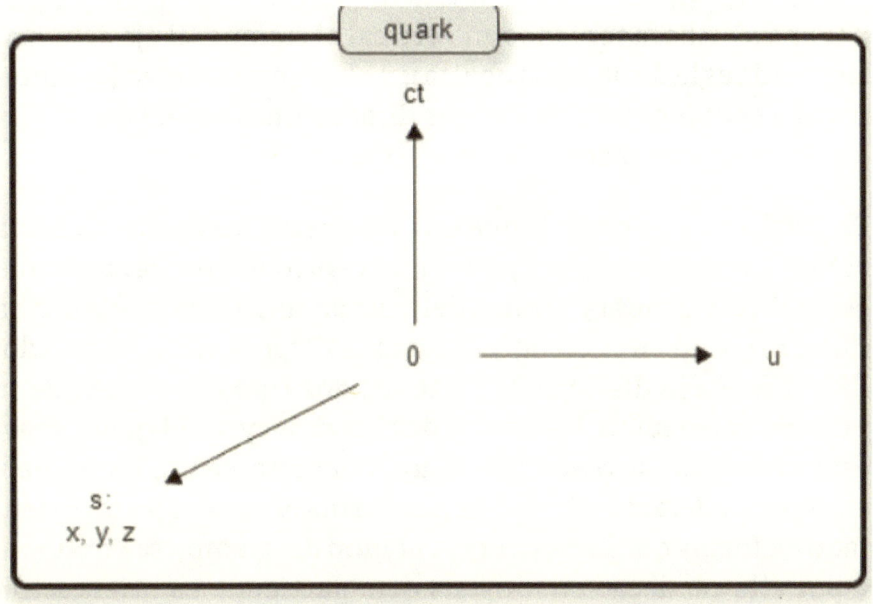

Esquema 17 Quark

Los quarks tienen un color según el hueco del eje espacial en el que están y por ello pueden ser rojos, verdes o azules, aunque realmente vibran sobre los gluones, cambiando constantemente de color.

Los quarks, como sólo tienen una de las tres dimensiones espaciales, son casi-partículas y por ello nunca se observan libres.

Jorge Aymerich

Las combinaciones estables de quarks son aquellas que tienen las tres dimensiones espaciales, o en la terminología clásica, los tres colores, formando partículas blancas, neutras o incoloras. Además, también se combinan en parejas inestables sobre una dimensión, quark con antiquark en las partículas llamadas mesones.

El eje del tiempo es el único que tiene una orientación pasado-futuro distinguible. Para facilitar la imagen pensemos que el tiempo es el eje vertical, obviamos una de las dimensiones espaciales con lo que el espacio 3D lo convertimos en un plano 2D. Ahora sustituimos del plano una de las dimensiones por el eje u (*unseen*). Ahora tenemos en vertical el tiempo, el eje derecha-izquierda es la dimensión oculta u y el eje profundidad (delante-detrás) es cualquiera de las tres dimensiones espaciales x, y, x que la designamos con la letra s de *space*.

El quark *up* es un trípode que está dispuesto hacia abajo o hacia arriba. Digamos que el trípode es un centro de coordenadas que está sobre una mesa y la rama del tiempo se dispone hacia arriba (futuro) o está en el techo y la rama se dispone hacia el pasado. Esta diferencia distinguirá entre los dos tipos de quarks de la primera generación, los quarks de tipo *down* y *up*. El quark *down* está orientado al revés que el *up*. Concretamente, como veremos más adelante, el trípode que forma el quark *up* está orientado de forma que la resistencia al *fluzo* del tiempo sea mínima, y por ello no decae en ninguna otra partícula. La orientación del quark *up*, veremos que es la opuesta sobre la dimensión del tiempo.

Los quarks *down* decaen mediante una rotación, por cualquiera de las dimensiones, acompañados por la fuerza débil del paso del tiempo desde la posición *down* a la posición *up*. Para facilitar la imagen imaginemos el *fluzo* del tiempo bajando y creando una fricción (Higgs). Los quarks tipo *down* 'recogen' el paso del tiempo mientras que al rotar a *up* ofrecen menos resistencia (forman una cuña) al paso del tiempo.

La curvatura de la dimensión espacial, el color, es mucho más intensa que la curvatura de la dimensión u que a su vez es mucho más intensa que la de la dimensión del tiempo, por consiguiente, el color gobierna la disposición de los quarks cuando se combinan.

Por ello, como los quarks se disponen sobre la curvatura extraordinariamente intensa de una dimensión del espacio s, entonces su tiempo t y su dimensión oculta u están ligeramente rotadas o curvadas, o quizás se proyectan con un ángulo sobre estas dimensiones.

Una nueva razón por la que los quarks están confinados es que, aunque libres poseerían una carga electromagnética unitaria, al unirse entre ellos para formar un hadrón se abre o cierra el ángulo que forman sus tres ejes y como resultado proyectan menos de una unidad sobre la dimensión oculta u y por ello se acoplan hasta formar objetos neutros, +1 o -1.

Vamos a ver a continuación una interpretación de cada espín del quark.

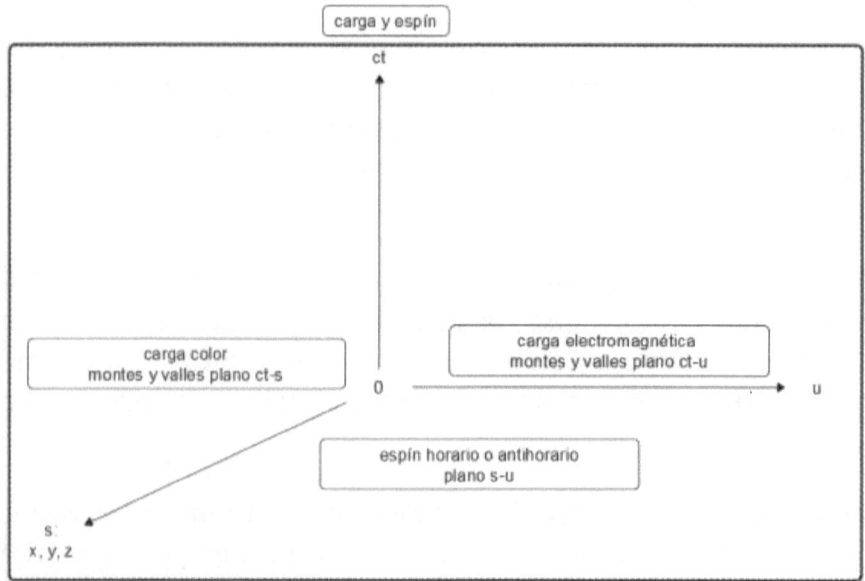

Esquema 18 Carga y espín

El isospín débil de un quark indica si el trípode está dispuesto hacia abajo o hacia arriba. Digamos que el trípode es un centro de coordenadas que está sobre una mesa y la rama del tiempo se dispone hacia arriba (futuro) o está en el techo y la rama se dispone hacia el pasado. Esta es la diferencia entre los quarks de tipo *down* y *up*.

El isospín del quark responde a la curvatura de la dimensión espacial (color) sobre el papel, a la derecha o a la izquierda, que son distinguibles sólo por la flecha del tiempo. Si el pulgar de la mano derecha señala arriba, la mano muestra una curvatura y si señala abajo la contraria.

A diferencia del isospín débil, el universo no tiene una preferencia, pero se siente cómodo uniendo quarks que compensen ambas curvaturas dejando la dimensión s recta.

Finalmente nos queda el espín que es la curvatura sobre el eje u (*unseen*), que también está sobre la mesa de antes y que se comporta exactamente igual que el isospín del color.

Por último, una observación. Los electrones sólo tienen una rama sobre el eje u, así que tienen también su espín exactamente igual que los quarks, pero no están sometidos ni al isospín débil ni al isospín.

8.5 HASTA AQUÍ.

Revisemos lo que hemos visto hasta aquí antes de avanzar. Dejando los gluones aparte, hemos visto las tres partículas elementales fundamentales con las que está construida toda la materia del universo. En resumen:

El neutrino que sólo es sensible a la fuerza de la gravedad.

El electrón que además es sensible a la fuerza electromagnética.

El quark *up*, que además es sensible a la fuerza nuclear fuerte.

Cada una de las tres partículas tiene dos copias más que se llaman sabores, que sólo se distinguen en la masa.

Los tres sabores de los neutrinos son el neutrino electrónico, el neutrino muónico y el neutrino tauónico. Se agrupan bajo el nombre de leptones sin carga.

Los tres sabores de los electrones son el electrón, el muón y el tauón. Se agrupan bajo el nombre de leptones con carga.

Los seis se agrupan como leptones.

Leptones y quarks se agrupan como fermiones.

La fuerza nuclear débil afecta a todos. Hace oscilar a los neutrinos entre los tres sabores y hace decaer a los leptones con carga y a los quarks desde los sabores más pesados a los más ligeros.

Los sabores con menor masa se identifican como la primera

generación de las partículas. Las otras dos son la segunda generación y las partículas más pesadas son la tercera generación. No parece que existan más generaciones así que hay tres y sólo tres generaciones. La razón de ello no se conoce, pero probablemente responde al número de dimensiones del universo.

Probablemente la segunda y la tercera generación de partículas son observaciones (mediciones) de las partículas de la primera bajo una transformación (una rotación) que multiplica su masa por una proyección de las otras fuerzas.

Cada una de las nueve partículas tiene su antipartícula que es igual excepto con la carga eléctrica inversa. Como el neutrino carece de carga, el antineutrino es idéntico (Majorana).

Con estas tres partículas elementales tenemos descritas hasta aquí 18 partículas subatómicas, sin embargo, aún no podemos construir los dos componentes de los núcleos atómicos: el protón y el neutrón. Pero no desesperemos, sólo nos queda describir el quark *down*, su estructura y sus sabores y con ellos ya podremos construir el protón, el neutrón y una muestra del resto de partículas subatómicas, que ya no elementales.

Habitualmente el quark *down* se considera partícula elemental hermana del quark *up*, sin embargo, consideramos que es mejor verlo como partícula elemental no fundamental. Hay un motivo de peso: la desintegración beta por la que un quark *down* se transforma en un quark *up*, un electrón y un neutrino, tres partículas que ya conocemos.

La desintegración beta no es un proceso extraño, sino que es habitual en la radioactividad cada vez que un neutrón se transforma en protón, así que no se trata de una razón efímera, sino sólida. La vida media de un neutrón libre es aproximadamente de quince minutos, así que, si tenemos mil neutrones libres, a los quince minutos en la mitad de ellos un quark *down* se habrá desintegrado.

Por último, ello no complica nuestra comprensión del quark *down* sino que la facilita y simplifica, además de ofrecer una propuesta elegante, como veremos, al problema de la elección de la materia sobre la antimateria en el origen del universo.

8.6 EL QUARK DOWN

El quark *down* es parecido al quark *up*. También podemos visualizarlo como tres hilos unidos en un punto que vibran sobre tres dimensiones: el tiempo, la quinta dimensión y una de las tres dimensiones espaciales.

Sin embargo, se diferencia en que su masa es el doble y su carga eléctrica es la mitad con el signo cambiado. Si más no, curioso. La carga de color es la misma.

Tabla 7 Las propiedades del anti-quark up

Partícula	Quark *up*	Quark *down*	Q. anti-*up*
Símbolo	u	d	-u
Masa	3 MeV	6 MeV	3 MeV
Carga	+2/3	-1/3	-2/3

Un quark *down* es una imagen de un quark *up* invertido en el espacio-tiempo sobre su dimensión tiempo. Veamos las consecuencias inmediatas de este volteo y luego visualizaremos el giro que quiero proponer.

La primera diferencia entre uno y otro es que el vértice del trípode en el eje del tiempo está en posición opuesta. El quark *up* está orientado a favor del roce de la fuerza nuclear débil causado por el flujo del tiempo mientras que el quark *down* está orientado contra este flujo.

La segunda diferencia es que la carga eléctrica y la masa están de alguna manera intercambiadas. Por ello la masa es el doble y la carga eléctrica es la mitad (con el signo cambiado).

Los sabores del quark *down* son tres. Se trata del *down* (abajo), el *strange* (extraño) y el *bottom* (fondo). Los dos últimos decaen rápidamente por el arrastre de la fuerza nuclear débil en el quark *down*. La única diferencia entre los tres es la masa.

Tabla 8 Las propiedades de los quarks de tipo down

Partícula	Quark *down*	Quark *strange*	Quark *bottom*
Símbolo	d	s	b
Masa	6 MeV	95 MeV	4.200 MeV
Carga	-1/3		
Spin	1/2		
Fuerzas	Fuerza nuclear débil Fuerza gravitatoria Fuerza electromagnética Fuerza nuclear fuerte		

Para visualizar la diferencia entre los dos quarks, usaremos las manos. Primero, para representar el quark *up* con la mano derecha dispondremos los dedos pulgar, índice y anular formando la figura de una pistola tal como lo hacen los niños jugando, de forma que el índice sea el cañón, el pulgar el percutor y el dedo anular que estaría rodeando el gatillo lo disponemos recto señalando a la izquierda. Cada dedo señala una dirección adelante, arriba y a la izquierda. Pongamos que el cañón es la dimensión espacial del quark que indica su color, el pulgar que es corto representa su masa (3 MeV) y el dedo anular que es largo su carga eléctrica (2/3).

Para representar el quark *down* no podemos simplemente girar esta figura alrededor del 'cañón', sino que debemos recurrir a la mano izquierda. Pongamos la mano izquierda igual y rotemos la mano izquierda de forma que la palma pase de estar en el lado interno a estar abajo. Mediante este giro alrededor del índice, conseguimos que el dedo anular, largo, ahora señala hacia abajo. Recordemos que antes el pulgar corto señalaba la masa y ahora el anular largo señala abajo. La masa es el doble y señala en dirección contraria. Y para acabar, el pulgar de la mano izquierda señala en dirección opuesta al dedo anular de la mano derecha, lo que sí que implica un cambio de signo de la carga eléctrica. Tenemos una partícula que es un reflejo (mano izquierda por derecha) y una rotación de 90 grados (con intercambio) de dimensiones sobre una dimensión espacial del quark (cualquiera de las tres x, y, z).

Como comparación, para obtener el antiquark *up* a partir del mismo quark *up*, giramos la mano derecha sobre el 'cañon' 180 grados hasta que la palma está en el interior, el pulgar señala abajo y el anular a la derecha. El color y la masa se mantienen, pero la carga eléctrica es la misma con el signo cambiado.

En esta descripción estamos planteando que las dos dimensiones que determinan la masa y la carga son intercambiables y hemos establecido implícitamente una equivalencia entre ellas expresada de dos formas:

Ignorando el signo de la carga eléctrica, la masa del quark *up* es equiparable a la carga del quark *down* (representadas por el pulgar) y la carga del quark *up* es equiparable a la masa del quark *down* (el dedo anular). Lo podemos expresar así:

$$3 \text{ MeV} \sim 1/3 \text{ e}$$

$$2/3 \text{e} \sim 6 \text{ MeV}$$

De cualquiera de ellas se deduce que existe una equivalencia entre la carga del electrón y una masa de 9 MeV.

$$1e \sim 9 \text{ MeV}$$

Dos últimas consideraciones antes de describir las dos partículas subatómicas que se construyen con estos dos quarks: el protón y el neutrón y que ya nos acercan, por fin, a la química. Probablemente deberíamos considerar el quark *down* como una forma de antimateria. Vamos a ver. Ya hemos visto el antiquark *up*, que es exactamente igual que el quark *up* con el signo de la carga eléctrica cambiado, -2/3 en lugar de 2/3. La colisión de un quark *up* y un anti-*up* es una explosión de energía, igual que cualquier colisión de materia con antimateria, entonces ¿por qué, como veremos, dos quarks *up* y un quark *down* pueden convivir sin destruirse en un protón, por ejemplo?

La respuesta tiene que ver con la aparente contradicción que hemos mantenido hasta aquí con la carga eléctrica. Por un lado, la carga de cualquier objeto debe ser múltiplo de la carga del electrón, pero todos los quarks tienen múltiplos de tercios de esta carga. También tiene que ver con el confinamiento de los quarks y la enorme intensidad de la carga de color.

En la descripción visual precedente de la estructura de los quarks, hemos considerado que sus ramas se disponen a lo largo de tres dimensiones, el tiempo, un eje x, y o z del espacio y la quinta dimensión, sin embargo, cuando los quarks están agrupados, los tres hilos no son perpendiculares, sino que la quinta dimensión y el tiempo vibran inclinados 60 o 30 grados respecto a la dimensión espacial que determina la fuerza nuclear fuerte y es la más intensa. Es por ello por lo que la carga eléctrica de un quark libre (que no existe) sería +1 para el quark *up* y -1 para el quark *down*. La carga eléctrica del quark *up* en un hadrón (de tres quarks) es la proyección de una carga unitaria 1e sobre la quinta dimensión con un ángulo de 30 grados. Ello nos da una carga de $\sqrt{3}/2$ e (0,866) (coseno de 30 grados) para cada quark confinado. Volviendo a la mano derecha del quark *up*, giramos hacia la izquierda alrededor del dedo índice un tercio de un ángulo recto para visualizar cómo se dispondrá el quark *up* cuando esté confinado.

Para la masa del quark *up* debemos hacer el mismo razonamiento, pero con 60 grados, lo que nos da que la masa del quark confinado es la mitad de la masa que debería tener cuando estuviese libre (coseno de 60 grados es ½).

Una última consideración. Podemos pensar, a partir de esta descripción del quark *down*, que ésta es la partícula elemental fundamental origen de toda la materia. En el origen del universo la primera partícula que apareció fue el quark *down*, antimateria, que rápidamente decayó mediante la desintegración beta a quark *up*, electrón y neutrino, los tres ya materia. Los quarks *up* i *down* se confinan inmediatamente en protones y neutrones, que con los electrones podrán formar núcleos atómicos. Según esta hipótesis, el universo hoy está formado por materia y antimateria al cincuenta por cien.

Para entender todo esto mejor debemos pasar ya a describir el protón y el neutrón, los dos componentes del núcleo de los átomos.

8.7 PROTONES Y NEUTRONES.

Los quarks tienen un color según el hueco del eje espacial en el que están y por ello pueden ser rojos, verdes o azules, aunque realmente vibran sobre los gluones, cambiando constantemente de color.

Los quarks, como sólo tienen una de las tres dimensiones espaciales, son casi-partículas y por ello nunca se observan libres. Las combinaciones estables de quarks son aquellas que tienen las tres dimensiones espaciales, o en la terminología clásica, los tres colores, formando partículas blancas, Además, también se combinan en parejas inestables sobre una dimensión, quark con antiquark en las partículas llamadas mesones de color negro.

La curvatura de la dimensión espacial, el color, es mucho más intensa que la curvatura de la dimensión u que a su vez es mucho más intensa que la de la dimensión del tiempo, por consiguiente, el color gobierna la disposición de los quarks cuando se combinan.

Por ello, como los quarks se disponen sobre la curvatura extraordinariamente intensa de una dimensión del espacio s, su tiempo t y su dimensión oculta u están ligeramente curvadas, o quizás se proyectan con un ángulo sobre estas dimensiones.

A partir de estas consideraciones, los tres quarks que forman una partícula blanca se disponen trabados, de dos formas posibles, aprovechando que la dimensión oculta u también vibra y posee sus montes y valles.

La primera es el protón compuesto por dos quarks *up* y un quark *down*, que se representa como uud. Se disponen cada uno de los tres quarks sobre su color o dimensión que, como es curva, rota ligeramente el eje u, que, entonces, se proyecta 2/3 2/3 y -1/3 sobre u, creando la carga positiva de una partícula estable y se proyectan sobre t creando su masa. El quark *down* estabiliza la combinación engarzándose con los dos primeros.

Visualmente no es complicado de imaginar, aunque debemos representarnos las cinco dimensiones del espacio-tiempo.

La rama sobre la dimensión espacial de cada uno de los tres quarks se dispone sobre cada una de las tres dimensiones espaciales, es decir, cada quark es de un color distinto de forma que los tres quarks abarcan las tres dimensiones espaciales y el protón es una partícula 'blanca'. No importa cuál de ellos tiene qué color cada vez. Es más, los quarks vibran y probablemente cambian de color continuamente pero nunca coinciden, sino que siempre abarcan las tres dimensiones. Esta rama de los tres quarks es la que predomina sobre las otras dos porque la intensidad de la fuerza nuclear fuerte es la más intensa (con diferencia) de todas.

La rama que se dispone sobre la dimensión del tiempo, que determina la masa de cada quark, en el quark *down*, está dispuesta al revés que en los dos quarks *up*. Recordemos que, en relación con la dimensión del tiempo, el punto en el que se encuentran las tres ramas es opuesto en el quark *down* y en los dos quarks *up* y es doble en el quark *down* para 'compensar' los dos quarks *up*. Recordemos que es doble porque en la disposición la rama de la masa queda inclinada 60 grados en el quark *up* sobre la dimensión del tiempo mientras que la rama del quark *down* queda inclinada 30 grados en sentido contrario. Al no coincidir no se aniquilan como materia y antimateria, sino que se engarzan.

Con la rama que determina la carga eléctrica sucede algo similar. Aunque los quarks *up* deberían tener una carga positiva y
el quark *down* una carga negativa en libertad, realmente los dos
quarks *up* proyectan la carga positiva sobre un ángulo de 30 grados mientras que la rama sobre la dimensión oculta del quark
down va en sentido contrario, pero se proyecta con un ángulo de
60 grados. La suma de las dos proyecciones es la carga positiva
entera del protón $(2/3 + 2/3 - 1/3) = +1$.

Tabla 9 Los quarks del protón

Quark	S	u	ct	Color	C
Up	X	2/3	3	Rojo	R
Up	y	2/3	3	Verde	G
Down	z	-1/3	6	Azul	B

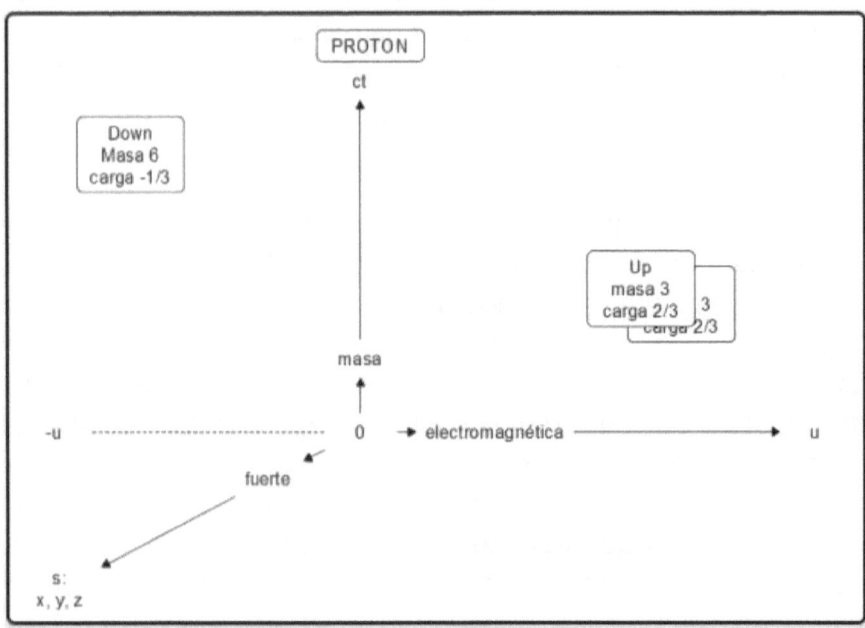

Esquema 19 El protón

La segunda opción de encaje es complementaria, y se trata del neutrón. El neutrón es similar al protón, pero reúne dos quarks *down* y uno *up*. Su composición es 'ddu' y su estabilidad emerge porque el quark *up* encaja con los dos quarks *down* formando una estructura con los tres colores y carga eléctrica neutra.

Tabla 10 Los quarks del neutrón

Quark	s	u	ct	Color	C
Up	x	2/3	3	Rojo	R
Down	y	-1/3	6	Verde	G
Down	z	-1/3	6	Azul	B

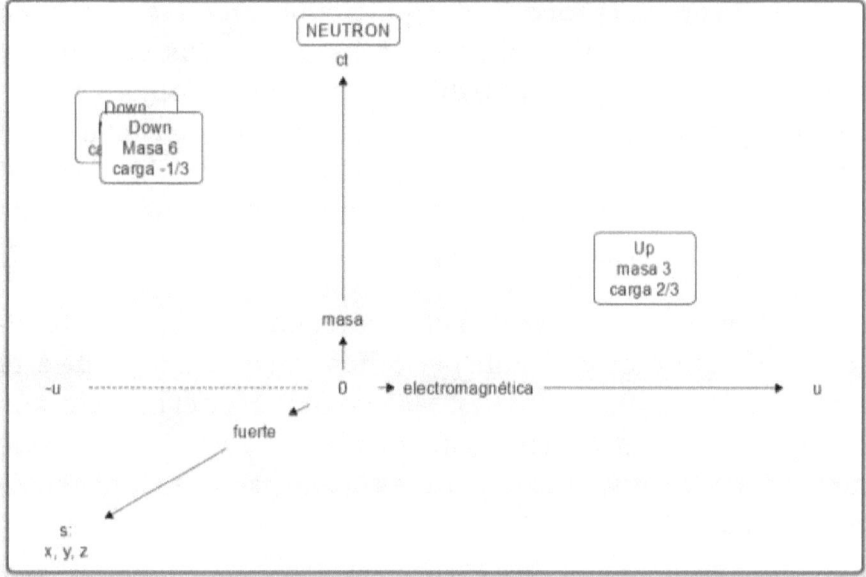

Esquema 20 El neutrón

El color indica la dimensión espacial s en la que está acomodado cada quark (x, y, z).

La fracción de u apunta a la proyección que tiene la dimensión oculta del quark sobre el eje oculto u a causa de la intensidad de la curvatura del eje del espacio. Esta proyección determina la carga electromagnética del quark.

La carga electromagnética del quark *up* es el doble de la del quark *down*, pero con el signo cambiado, es decir, el quark *up* forma un monte sobre u del doble de tamaño que el valle del quark *down*. Doble pero orientado al revés, de signo contrario.

Finalmente, la proyección sobre el eje del tiempo es con el mismo ángulo haciendo que la masa del quark *down* sea el doble que la del quark *up*, pero en este caso, quizás no hay valles ni montes, sino que el giro siempre tiene el mismo sentido.

Es decir, los quarks forman dos partículas estables, el protón y el neutrón, formados por tres quarks engarzados. Cada quark tiene su dimensión s (x, y, z) distinta para que el objeto resultante tenga las tres dimensiones espaciales. La carga del *up* es el doble de la carga del *down* y la masa del *down* es el doble de la del *up*. Las cargas del *up* y del *down* tienen sentidos opuestos. Es de esperar que las masas del *down* y del *up* también.

Con el protón, el neutrón y el electrón podemos pasar al territorio de la química y la tabla periódica que queda fuera de este texto. Pero, aunque hemos visto la mayor parte del modelo, aún nos queda profundizar en él y abarcar la que considero que es la fuerza clave del universo, aunque es la que parece más difícil de comprender. Sigamos.

8.8 HADRONES, BARIONES Y MESONES.

Veamos a continuación un poco de vocabulario.

Las agrupaciones de varios quarks se llaman hadrones. Los hadrones de tres quarks son los bariones, las partículas pesadas: el protón, el neutrón, el antiprotón y el antineutrón.

Tambien existen parejas de quarks abrazados, formadas por un quark de un color y un antiquark de su anticolor. Se llaman mesones, las partículas de peso medio.

En los mesones los quarks se disponen sobre uno de los tres ejes espaciales y restan el valle formado por el color del quark y el monte del anticolor del antiquark. El color es negro y el quark y el antiquark se encajan porque uno está orientado al futuro y el otro al pasado.

El resultado es una partícula sin color, negra, orientada a futuro o pasado y con carga cero, 1, -1.

Por ejemplo, un quark *up* rojo más un antiquark *down* anti-rojo constituyen el llamado mesón Pi+.

Podemos jugar y analizar espacialmente todas las parejas que se nos ocurran siempre que tengamos en cuenta que se disponen sobre el mismo eje espacial, restando monte y valle, trabados porque uno apunta al futuro y el otro al pasado (quark y anti-quark) y se combinan con distintas cargas resultando siempre la carga una unidad positiva, negativa o cero.

En resumen, los hadrones son combinaciones de quarks, que se proyectan sobre la dimensión tiempo -lo que les proporciona masa-, se proyectan sobre la dimensión oculta u –lo que les proporciona carga-, y se proyectan sobre una de las dimensiones espaciales –lo que 'fuerza' su confinamiento de dos formas: buscando neutralizar esa dimensión (monte-valle) con un antiquark o añadiendo dos quarks que completen los tres ejes espaciales. Este último engarce se puede realizar orientando el eje oculto u y el t de un quark en sentido contrario al de los otros dos.

La carga de color y anticolor tiene el mismo valor sobre los tres ejes espaciales.

Más adelante volveremos a profundizar en los mesones.

La teoría que describe la fuerza nuclear fuerte es la cromodinámica cuántica, que describe el confinamiento de los quarks (por qué no se pueden separar) y la libertad asintótica (cuando están juntos están libres)

El nombre de cromodinámica cuántica QCD para la teoría que describe la fuerza nuclear fuerte surge de esta idea, 'cromo' color en griego.

Para comprender el fundamento del modelo estándar ha sido necesario enumerar los números cuánticos. Todos ellos toman valores discretos excepto la masa, que posiblemente sea también un valor discreto, pero extraordinariamente pequeño. Todas estas propiedades revelan una profunda interrelación entre la geometría del universo, sus objetos y las reglas con las que interaccionan que, aunque no sean evidentes, acabarán siendo simples, teniendo sentido y además teniendo sentido común. Para completar el modelo probablemente sea necesario ir más allá de la física y postular un objeto matemático consistente.

A partir de aquí, vamos a desarrollar con más detalle varios aspectos del modelo estándar que no son directamente el inventario de las partículas. Pasamos de la anatomía a la fisiología y para ello nos vamos a detener de nuevo en la masa lo que nos permitirá comprender la interacción débil que ya hemos mencionado, porque afecta a todas las partículas, pero en la que no hemos entrado a fondo y a continuación veremos el fotón, el cuanto de la energía electromagnética y las propiedades de la luz sin el cual el modelo estándar estaría incompleto. Empecemos por la masa.

8.9 LA MASA.

La masa en reposo de los objetos es la medida de una propiedad con dos efectos que coinciden. El primer efecto es la masa gravitatoria que crea un campo alrededor de los objetos que los atrae y si no hay obstáculos los acerca y el segundo efecto es la masa inercial que es la resistencia que ofrece un objeto en reposo a moverse al ser empujado.

La masa aparente de un objeto es la resistencia que ofrece a acelerarse cuando es empujado. Es la suma de su masa en reposo más el efecto de la divergencia entre el sistema de referencia del objeto y el sistema de referencia del observador o 'empujador' consecuencia de su movimiento según la relatividad.

La masa en reposo de un objeto es proporcional a su proyección sobre el eje del tiempo. La masa es positiva, atractiva tanto para las partículas como para las antipartículas.

No existe el efecto 'espín' en la dimensión temporal, pero tiene los dos sentidos (futuro y pasado) distintos. Las demás dimensiones del universo no diferencian entre los dos sentidos de cada dimensión x, y, z, u, pero sí su curvatura respecto a la flecha del tiempo.

La fuerza de la gravedad es consecuencia de la curvatura que causa la masa de un objeto sobre el eje del tiempo, proporcional a la longitud de su proyección sobre este mismo eje. No podemos hablar de valles o montes en los que se acomodan los objetos sobre el eje del tiempo debido al *fluzo* del tiempo. Los objetos buscan converger, pero no a divergir, en su futuro si ningún obstáculo lo impide. La teoría de la relatividad general describe este efecto.

La longitud de una partícula sobre el eje del tiempo, sobre el que a su vez se desplaza su tiempo, genera una resistencia al cambio de dirección. Cuanto mayor es esta longitud, más resistencia ofrece. El efecto es similar al que percibimos si disponemos un bastón en un flujo de agua en la dirección del flujo, lo sostenemos por un extremo y lo giramos. Cuanto mayor es el palo, más curvado sea y más inclinado esté más ingobernable se vuelve. Este efecto es similar a lo que se llama campo de Higgs causado por el mecanismo de Higgs y que está mediado por la llamada 'partícula de Dios'. El mecanismo de Higgs, y la curvatura del tiempo de la relatividad general son las manifestaciones de la masa en reposo de los objetos, que es la medida de su resistencia al *fluzo* del tiempo, que es proporcional a su longitud sobre t. Si la proyección de una partícula sobre el eje del tiempo es un punto, el objeto carece de masa gravitatoria y se comporta como bosón, pero puede ser inestable al estar sometida a la fuerza nuclear débil como por ejemplo es el caso de los bosones intermediarios. Luego lo veremos.

Por último, un objeto en movimiento tiene su sistema de referencia rotado con relación al sistema de referencia del observador, por consiguiente, si lo empuja, lo hace lateralmente para acelerarlo. Este aumento de la resistencia lo narra la relatividad especial explicando que la masa de los objetos en movimiento crece progresivamente hasta que se vuelve infinita a la velocidad de la luz cuando el tiempo-espacio del empujador y el del objeto son perpendiculares.

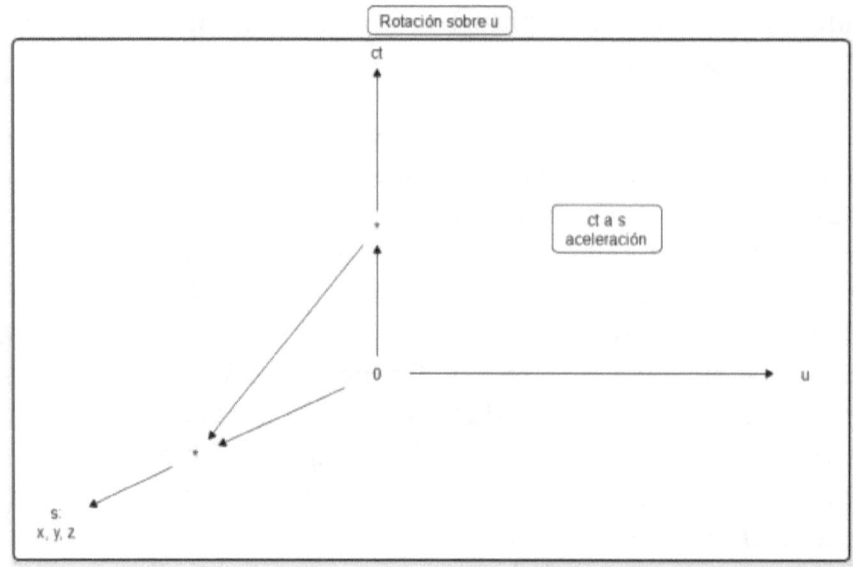

Esquema 21 La rotación sobre u

Así, la aceleración es el efecto de una rotación alrededor del eje u de la dimensión t hacia s, que transforma el *fluzo* del tiempo en movimiento sobre el espacio. La masa inercial es la resistencia a este giro que depende de la proyección de la partícula sobre la dimensión temporal.

8.10 La interacción débil y los bosones intermediarios.

El mecanismo de Higgs tiene una consecuencia extraordinariamente importante respecto a la forma en que se disponen las partículas en relación al eje del tiempo.

De la misma forma que las curvas en las dimensiones del universo de cinco dimensiones generan fuerzas que agrupan o acomodan las partículas de determinadas maneras, el *fluzo* del tiempo establece una dirección privilegiada en un sentido nuevo que acaricia las partículas y las orienta de determinada manera o las rota.

Existe esta fuerza, que se añade a las tres determinadas por las curvaturas de las dimensiones, débil en relación a la fuerza nuclear fuerte y a la electromagnética, que agrupa o reagrupa las partículas en el *fluzo*.

La fuerza débil se reconoce en dos fenómenos importantes. La estabilidad o inestabilidad de los núcleos atómicos y la desintegración beta.

El núcleo del átomo más simple está formado por un protón: es el hidrógeno. El núcleo estable siguiente es el del helio que tiene dos protones y dos neutrones. Los dos protones se rechazan por la fuerza electromagnética, así que los dos neutrones son necesarios porque se disponen encajando las cuatro partículas de forma que ofrecen la mínima 'resistencia' al *fluzo*. Decimos que la fuerza nuclear débil mantiene los neutrones y los protones unidos en el núcleo del átomo.

Recordemos que por su forma el protón y el neutrón son similares dispuestos al revés con respecto a la dimensión del tiempo, reflejo de la simetría de los quarks *up* y *down*. Esto favorece que encajen cada protón con cada neutrón evitando que la repulsión electromagnética entre los protones los separe. Esta fuerza funciona mientras están encajados, pero si se separan ligeramente, pueden provocar la rotura del núcleo.

Por esto no hay un núcleo con dos o más protones sin neutrones. Se repelerían simplemente.

El núcleo del helio es muy estable. A medida que vamos añadiendo parejas protón-neutrón al núcleo, la inestabilidad del núcleo incrementa simplemente por su tamaño. Algunos isótopos, los núcleos cuyo número de protones y de neutrones no coincide, tienden a romperse en lo que se llama su vida media mediante reacciones nucleares o emiten radioactividad.

Mientras que los protones, los núcleos del hidrógeno, son estables, los neutrones libres tienen una vida media aproximada de quince minutos, lo que quiere decir que, si tenemos diez, al cabo de un cuarto de hora nos quedarán cinco. Los otros cinco se habrán convertido o 'decaído' a protones liberando un electrón y un antineutrino al transformarse un quark *down* en *up*.

Así, los neutrones tienen su estado más estable emparejados con los protones formando núcleos equilibrados. Cuando los neutrones no forman parejas con protones, cuando están libres, o cuando están en átomos enormes, entonces los neutrones son mucho menos estables y cambian de 'sabor' a protón.

La desintegración beta, convierte un neutrón en un protón, lo que equivale internamente a convertir un quark *down* en *up*. Esta transformación corresponde a una rotación del quark *down* en el *fluzo*, pero además se rompe y por ello se hace más pequeño y estable.

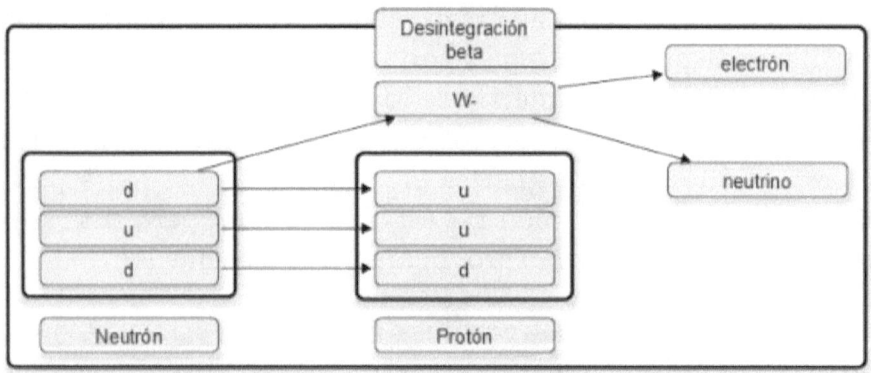

Esquema 22 La desintegración Beta

El quark *down* tiene tres ramas que se proyectan sobre las tres dimensiones s-t-u, que rota para convertirse en *up*, pero en el giro se rompe de forma que parte de la rama t queda como un antineutrino libre y parte del plano s-u queda como un electrón libre. Los tres son más estables que el quark *down* original.

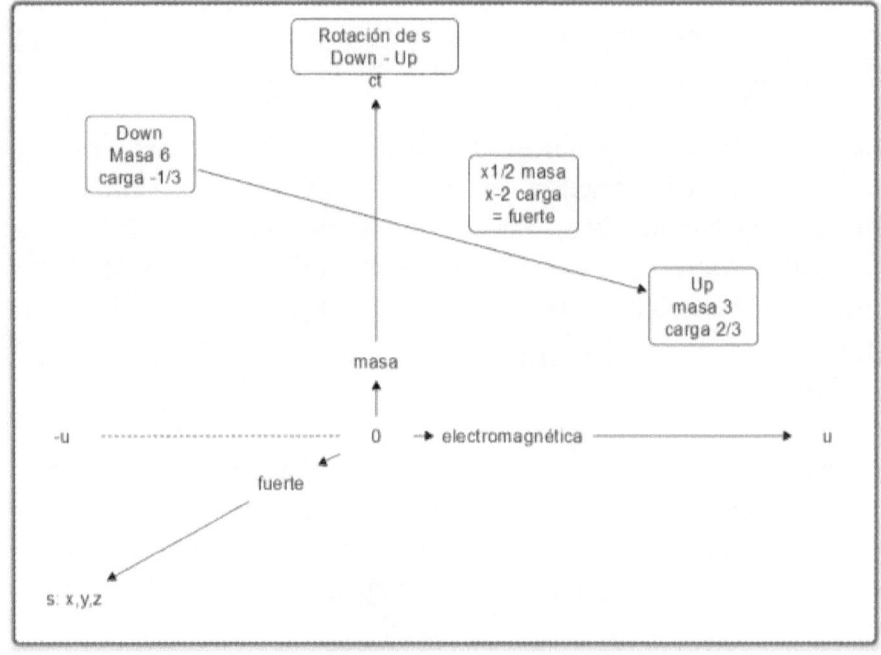

Esquema 23 La rotación de s

Esta rotación es complicada si se hace dentro de un neutrón emparejado con su protón, pero es fácil cuando el neutrón está libre.

Es posible 'forzar' el proceso contrario, es decir al revés en el tiempo o contra el campo de Higgs, subiendo un protón a neutrón incorporándole un positrón y un neutrino a un quark *up* convirtiéndolo en el más pesado *down*.

En ambos casos, el movimiento es rápido porque la situación intermedia de la rotación es muy inestable, aunque reconocible. Podemos decir que el electrón más el antineutrino juntos, una partícula con tres ramas a medio giro es la partícula bosón intermediario W⁻ y el positrón con el neutrino se llama bosón W^+. Depende del sentido del giro se producirá uno u otro bosón intermediario y puede ser el azar el que establezca la probabilidad de cada giro. Ambos bosones intermediarios ofrecen una gran resistencia al *fluzo* y por ello tienen mucha masa y duran muy poco.

En ambos casos, la rotación se lleva a cabo a través del eje oculto u, que invierte la carga del quark, por consiguiente, el bosón W lleva carga y masa. Pero a veces la rotación de las partículas se realiza alrededor del eje oculto u, de forma que el 'bosón intermediario' tiene masa, pero no tiene carga. En este caso, se habla del bosón Z^0 que es neutro y es su misma antipartícula, es decir, es indiferente en relación al tiempo.

Otra posible interpretación de esta transformación consiste en invertir, sobre la dimensión temporal, el neutrón lo que transforma los dos quarks *down* del neutrón en *up* y el quark *up* en *down*. El resultado es el mismo, aunque perdería sentido la existencia de los bosones intermediarios.

La interacción débil no sólo afecta a la unión de neutrones y protones y la radiación beta, sino que abre un universo de transformaciones (oscilaciones y decaimientos) que retomaremos después de tratar el fotón y los parámetros que gobiernan este juego.

8.11 MASA Y ENERGÍA.

La ecuación más famosa de toda la historia es:

$$E = mc^2.$$

Esta expresión afirma que la masa y la energía son equivalentes, lo que nosotros vamos a expresar de una forma más fuerte: masa y energía son dos mediciones perpendiculares de un mismo objeto.

Tenemos dos posibles observaciones de un mismo objeto: En el primer caso se mide como partícula y en el segundo se mide como una onda:

Cuando el sistema de referencia del observador y el sistema de referencia del objeto están totalmente alineados, el observador mide la masa en reposo del objeto.

El objeto al adquirir velocidad su sistema de referencia gira en relación al del observador, hasta que el sistema de referencia del observador y el sistema de referencia del objeto son perpendiculares. Entonces la percepción que tenemos del objeto es de energía sin masa a la velocidad de la luz. El observador no puede acelerar un rayo de luz, por lo que su masa es infinita. O cero, porque se comporta ignorando esta interacción.

Desde otra perspectiva, la liberación de energía provocada por una explosión atómica hace rotar partículas que observamos como masa y que viajan con nosotros en el espacio de cinco dimensiones y las convierte en energía que se desplaza a gran

Jorge Aymerich

velocidad.

8.12 EL FOTÓN Y LA LUZ.

A la luz y al fotón, su partícula, les pasa en la física como al agua y al carbono en la química. Sus propiedades nos sorprenden y nos hacen pensar que quizás el universo es un montaje arbitrario que existe y se mantiene gracias a casualidades extraordinarias, pero realmente sus propiedades emanan de forma natural de la matemática subyacente del universo.

La luz es un objeto extraño desde el momento en que viaja en el vacío a 300.000 km/s para todos los observadores. El espacio y el tiempo se deforman para que se cumpla este extraño principio.

Cualquier objeto que viajase a esta velocidad, tendría masa infinita, tiempo detenido y longitud cero. Pero el fotón no tiene masa en reposo porque no tiene reposo.

La luz es una onda de ninguna cosa. Una onda es una oscilación de algo que se transmite por un medio, por ejemplo, el sonido por el aire o el choque de una piedra sobre la superficie del agua. Durante mucho tiempo se buscó el éter que oscilaba con el paso de la luz, pero los físicos acabaron reconociendo que no existe el éter. La luz es una onda de nada.

Pero si colocamos un obstáculo, por ejemplo, un electrón de un átomo, el electrón puede absorber la energía que le proporciona la luz, excitarse, volver al estado original y liberar otra vez la energía.

La luz transporta energía, que aparentemente no tiene, hasta que se materializa sobre un electrón. Y entonces se 'cuantiza'.

Actualmente, como los fotones de la luz tienen unas propiedades equiparables de alguna forma a las de los electrones, se está intentando aprovechar esta similitud tecnológicamente transformando la electrónica en fotónica.

Vamos a analizar lo que puede ser un fotón desde el análisis de la colisión de un electrón con un positrón.

La antimateria se aniquila al chocar con la materia y ambos se convierten en energía. Una colisión electrón - positrón crea dos fotones que salen perpendiculares y en direcciones opuestas.

$$e^- + e^+ \rightarrow \gamma_0 + \gamma_1$$

Entonces, si el positrón es, tal como ya hemos visto, un electrón marcha atrás en el tiempo, ¿por qué no pensar que el fotón también es un electrón o un positrón 'visto lateralmente'?

Explícitamente:

La hipótesis es la siguiente: Un fotón es un electrón cuya flecha del tiempo está rotada 90 grados en relación a la flecha del tiempo del electrón y del observador. Es un electrón 'perpendicular'. Y el efecto de esta rotación es que 'su' tiempo es 'nuestro' espacio.

La colisión de un electrón con un positrón transforma la dimensión tiempo de cada uno de los dos electrones en una dimensión espacio. Nuestra flecha del tiempo como observadores es perpendicular a la flecha del tiempo de los fotones de los rayos gamma que surgen de la colisión electrón - positrón.

La lectura clásica en la que intervienen cuatro partículas, el electrón, el positrón y los dos fotones que se lee:

'chocan un electrón con un positrón y se producen dos rayos gamma'

pasa a ser:

'dos electrones, uno con nuestra flecha temporal y otro en sentido opuesto (180º) contactan y rotan 90 grados cada uno convirtiendo su tiempo adelante y su tiempo atrás en espacio del observador'.

A partir de la interpretación que hemos hecho de la colisión electrón - positrón tenemos que un único observador ve cómo se transforman un electrón y un positrón en dos fotones. Pero, el electrón, el positrón y el fotón son la misma partícula. No hay transformación, son lo mismo. Sólo cambia la orientación de las partículas elementales en relación al observador. Los fotones podrían tener masa, materia oscura, que es invisible para los observadores.

El fotón es un objeto que no tiene reposo, no tiene masa en reposo, que siempre para todos se desplaza a la velocidad c, tanto observadores como partículas. Este hecho puede interpretarse al revés: Podemos decir que la luz es el soporte inmóvil sobre el que todos los objetos se alejan a la velocidad c. La luz es el reposo, es el éter, es el sistema de referencia de todos los objetos que se alejan de ella a esta velocidad y es este desplazamiento la fuente de todos los demás, siguiendo curvaturas.

Bien. Vamos a dar un paso más allá para comprender el fotón.

El fotón es una rotación del electrón. El electrón es un objeto bidimensional que se proyecta sobre los ejes del tiempo (lo que le proporciona masa) y la dimensión oculta u (lo que le proporciona carga).

El fotón es el resultado de una doble rotación del electrón. La primera, alrededor del eje u del electrón que convierte la dimensión del tiempo t en espacio x. Al hacer este giro el avance del tiempo se convierte en la velocidad c km/s.

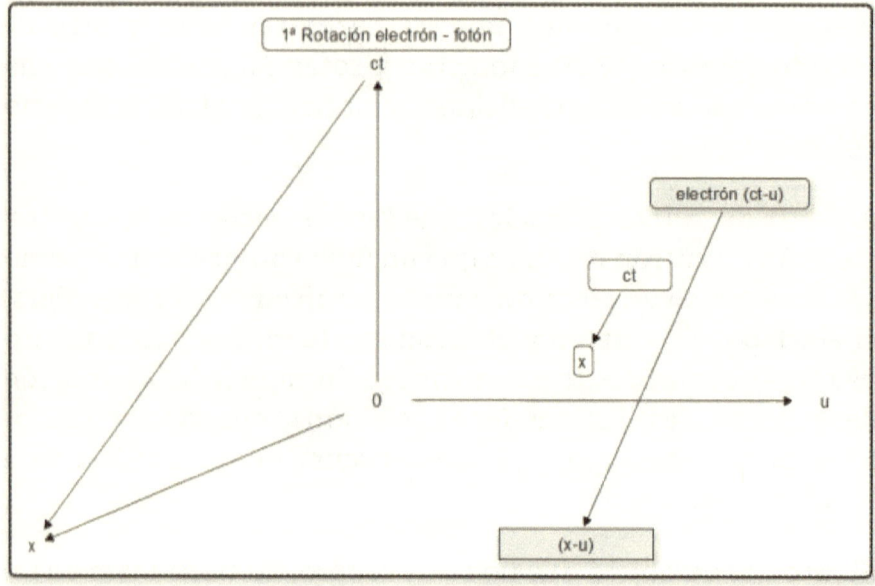

Esquema 24 Primera rotación electrón a fotón

La segunda es una rotación alrededor de esta dimensión espacial x, de la dimensión u sobre una segunda dimensión espacial y. Con ello la partícula pierde su proyección sobre la dimensión oculta u y por consiguiente pierde la carga eléctrica.

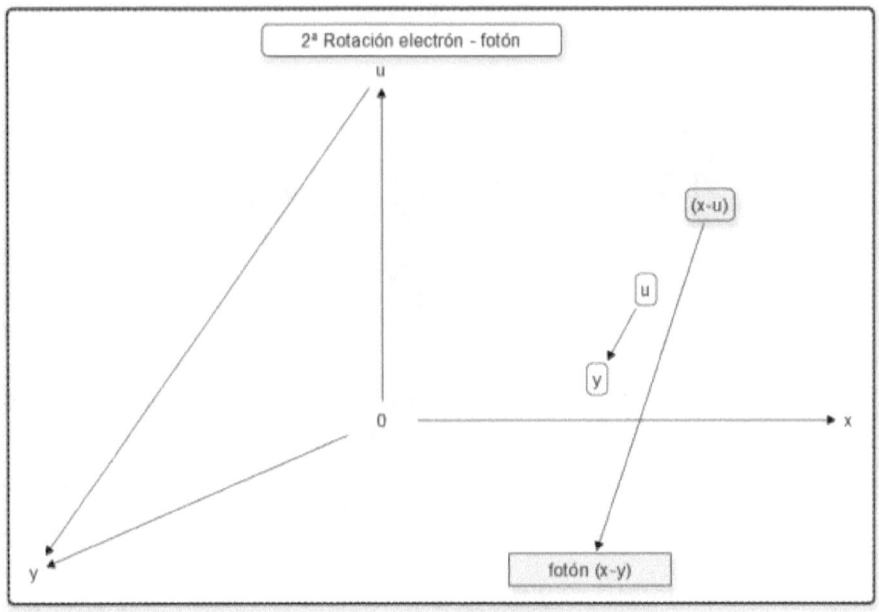

Esquema 25 Segunda rotación electrón a fotón

El efecto es que se trata de una partícula con dos dimensiones espaciales sin masa pero que la transporta y sin carga electromagnética, pero que la transporta, y que se desplaza a la velocidad de la luz.

La energía del electrón proviene de que el electrón está acomodado sobre la curvatura suave del eje t y sobre las dos curvaturas más intensas de la dimensión u (montes y valles de t para la carga, montes y valles perpendiculares para el espín), en cambio la energía del fotón es proporcional al tamaño del cuadrado que forma sobre las dos dimensiones espaciales.

La antipartícula del fotón es ella misma, porque no tiene proyección sobre la dimensión temporal.

8.13   LA DUALIDAD ONDA-PARTÍCULA.

Recordemos ahora el problema del experimento de la doble rendija y la dualidad onda-partícula. Cuando no medimos y cuando medimos suceden cosas distintas y hasta cierto punto contradictorias.

Recordemos que en el experimento de la doble rendija emitimos fotones, electrones o cualquier partícula sobre un obstáculo con dos rendijas y analizamos el patrón que nos queda en una pantalla posterior.

Inicialmente el patrón es el de una onda con sus interferencias lo que indica que el objeto pasa por las dos rendijas a la vez.

Pero si intentamos detectar por qué rendija pasa el objeto, el patrón pasa a ser de partícula y pasa solo por una de ellas.

La razón de este comportamiento es que en este último caso forzamos la decoherencia de la partícula porque para detectar su paso por una de las dos rendijas, forzamos que el sistema de referencia de la partícula y el del medidor se alineen, lo que colapsa la partícula en una de las dos rendijas. Concretamente la dimensión oculta u.

Visto de otra forma. Imaginemos un círculo dibujado en un papel con dos cortes. Disparamos objetos desde el centro hacia los agujeros. La vertical es nuestra dimensión u. En un escenario normal, el objeto se permite saltar por encima del círculo porque no está estrictamente alineado al papel y su vertical. Cuando lo intentamos medir, lo rotamos para detectarlo y con ello colapsa sobre uno de los dos agujeros y ya no puede pasar por encima porque ve lo mismo que el experimentador. Pasa de onda de probabilidad a partícula por efecto de la medición.

Una vez descrita esta última partícula, el fotón, ya hemos desarrollado el neutrino, el electrón, los quarks, sus sabores en las tres generaciones, el gluón, el fotón y los bosones intermediarios, con lo que el esquema clásico del modelo estándar queda completo a falta del gravitón. Avancemos un poco más, pasando a analizar otros aspectos del modelo como la intensidad relativa de las fuerzas.

8.14 LOS PARÁMETROS DEL MODELO.

Hemos visto que los quarks son partículas con tres ramas, una sobre el espacio, otra sobre el tiempo y una última sobre la dimensión u. Hemos visto también que los electrones tienen sólo dos, sobre el tiempo y sobre u y el neutrino sólo tiene una sobre el tiempo. Por último, el fotón tiene dos proyecciones sobre dos dimensiones espaciales.

Cada partícula está sometida al *fluzo* del tiempo -la fuerza nuclear débil- lo que tiene tres consecuencias:

En primer lugar, le proporciona la oportunidad de interactuar con otras, buscando aproximarse o alejarse.

En segundo lugar, le proporciona una distinción futuro-pasado a la dimensión t y como resultado las demás interacciones distinguen entre montes y valles y también la regla de la mano izquierda y derecha.

Y además acaricia las partículas provocando que se coloquen y agrupen de formas estables.

Cuando todo ello es medido por un observador hay que tener en cuenta varios aspectos:

- El efecto del alineamiento de la dimensión u (se colapsa) del objeto y la del observador
- El ángulo entre sus sistemas de referencia según la relatividad si están en movimiento (menor de 90 grados).
- Las rotaciones ortogonales de los sistemas de referencia (cambios de partícula).
- Las rotaciones ortogonales de la percepción de los sistemas de referencia (cambios de generación).
- Los límites que impone efectuar la medición desde dentro del universo: el principio de incertidumbre o la superposición de estados indecidibles.

Todos estos fenómenos dependen de unos pocos parámetros, que no tienen por qué ser constantes a lo largo del tiempo y de los cuales, lo importante es la proporción entre ellos más que su valor absoluto.

Por ejemplo, si los parámetros que gobiernan el universo se duplicaran todos, entonces la relación entre ellos sería la misma y el efecto indistinguible.

SI no fuese así, uno de ellos sería dependiente de otro, como por ejemplo el volumen de la hiperesfera -que quizás es el universo- de su radio y su número de dimensiones y, por consiguiente, se podría eliminar.

Los parámetros que gobiernan este esquema serían los siguientes:

La velocidad de la luz en el vacío, que determina el paso del tiempo para todos los objetos no acelerados y sin gravedad, la relación entre la masa y la energía.

La curvatura de cada una de las dimensiones del universo, teniendo en cuenta que las tres dimensiones espaciales x, y, x son equivalentes e intercambiables. Estas curvaturas determinan las relaciones entre las interacciones fuerte, electromagnética y gravitatoria y con la velocidad de la luz la interacción débil. Las tres curvaturas definen tres campos fundamentales: la gravedad, el campo electromagnético y el campo de la carga de color. Todos ellos podrían ser variables continuas, pero están *cuantizados*. Existe una unidad fundamental de masa, de carga eléctrica y de carga de color, y todos los objetos miden múltiplos de estas unidades. Además, determinan los posibles espines de las partículas.

El encaje de las partículas en estas curvaturas. De todas las combinaciones que serían posibles en un universo continuo, sólo unas pocas son relevantes y al final se reducen a una: el neutrino.

Dos neutrinos perpendiculares hacen un electrón. Tres neutrinos perpendiculares hacen un quark *up*. Dos quarks *up* (Un quark *up* más un electrón más un neutrino) quizás hacen un quark *down*. Etc.

El resto de las partículas del modelo estándar son la combinación de estas partículas fundamentales más el efecto de la interacción con el observador, de la misma forma que la velocidad o la aceleración cambian la masa de las partículas.

La constante de Planck que define el grano del universo.

La resistencia o la facilidad que ofrece el espacio a transmitir cada interacción bajo la ley del cuadrado de las distancias.

Una extensión del concepto de la temperatura del cero absoluto, en la cual todas las dimensiones dejan de vibrar y sólo queda un flujo continuo del tiempo sobre su eje.

8.15 LAS CONSTANTES DE ACOPLAMIENTO.

Una de las relaciones básicas a estudiar es comparar la curvatura de cada dimensión. Para ello debemos comparar la interacción nuclear fuerte con la electromagnética y con la interacción gravitatoria.

Independientemente de las unidades de medida podemos establecer lo que se llama las constantes de acoplamiento entre las interacciones como la relación entre las ellas.

Si le damos el valor unidad a la interacción fuerte, la interacción electromagnética mide 1/137, la gravitatoria es del orden de 10^{-39} muy pequeña y la débil 10^{-6}.

Tabla 11 Las constantes de acoplamiento

Interacción	Valor	Valor
Fuerte	1	137
Electromagnética	1/137	1
Gravitatoria	10^{-39}	10^{-37}
Débil	10^{-6}	10^{-4}

Estas relaciones varían con la distancia, porque la fuerza fuerte no actúa a distancias muy cortas (por el efecto de la libertad asintótica) y aumenta con la distancia, la débil actúa sólo a distancias muy cortas sobre partículas 'abrazadas' y las otras dos se debilitan con la ley del cuadrado de la distancia.

La interpretación de estas proporciones está en la relación entre las curvaturas de las dimensiones para las tres primeras fuerzas y la velocidad de la luz para la última.

El valor 1/137 es la constante de estructura fina del universo. 137 es la constante de acoplamiento de la interacción entre el electrón y el fotón. Si tenemos en cuenta que el fotón es una rotación doble del electrón, entonces 137 es la proporción entre las curvaturas de los ejes u y t sobre x, y.

Por lo tanto, el mismo brazo que mide y curva arbitrariamente una unidad sobre el eje oculto u pasa a medir y doblar 1/137 unidades sobre el eje del espacio y.

También es la relación entre la fuerza de repulsión electrostática y la fuerza de atracción gravitatoria entre dos partículas puntuales de la masa de Planck y la carga elemental (los valores unitarios a los que hacíamos referencia antes). Es decir, dos partículas con la carga de un electrón que se repelen con una intensidad uno y que también tienen la masa de Planck y se atraen con una intensidad 1/137 veces menor. Ello vuelve a ser la relación entre la dimensión x y t (gravedad).

Así que parece que la relación entre las tres dimensiones es precisamente 1/137.

Finalmente, nos queda un último fenómeno para acabar de complicarlo todo un poco más. Una de las consecuencias de estas desigualdades unidas a la interacción débil del *fluzo* del tiempo es que, si además de rotar las partículas, podemos rotar también el sistema de referencia de forma que percibamos las curvaturas intercambiadas, entonces podríamos transformar las interacciones entre sí y medir como masa de una partícula su carga electromagnética o la carga de color. Un aparente engaño perfecto. Este efecto es quizás el que crea las tres generaciones de partículas.

A continuación, vamos a desarrollar varios efectos de la interacción débil y su importancia para comprender la existencia de tres generaciones de partículas.

8.16 LA INTERACCIÓN DÉBIL Y EL MESÓN PI.

En el modelo estándar clásico hay cuatro partículas fundamentales de materia (fermiones): los dos quarks, el electrón y el neutrino. A las que hay que añadir dos generaciones más de partículas, en total 12 partículas básicas que son los componentes definitivos de la materia... pero los quarks *down* 'decaen' en quarks *up* más un electrón y un antineutrino por la interacción débil. Además de estas transformaciones hay otras y no solo dentro de cada generación sino también entre ellas. La interacción débil arrastra permanentemente las partículas básicas, las gira y las rompe en piezas que, según el modelo estándar, no deberían tener nada que ver...

Aparte de la desintegración beta, vamos a analizar cuatro casos distintos que nos proporcionarán una visión bastante completa de las reglas que rigen la interacción débil. Analizaremos el mesón pi, que nos dará una nueva visión de la desintegración beta y a continuación veremos la oscilación de los neutrinos, el decaimiento de los electrones (leptones con carga) y el de los quarks. Empezamos por los mesones.

Hemos visto que los quarks se agrupan de forma que la carga de color se anule y la carga eléctrica sea positiva, negativa o cero. Una posibilidad aparte de los bariones de 3 quarks son los mesones de dos quarks.

La representación de los mesones es la siguiente: un quark y un antiquark con sus ramas s sobre una misma dimensión espacial de las tres posibles, compensando el color y el anticolor, con las masas sobre t en sentidos puestos, se pueden abrazar formando parejas con o sin carga sobre el eje u.

El caso más simple son los mesones pi o piones formados por los quarks *up*, *down* y sus antipartículas.

Tenemos cuatro casos:

$$\pi^+ = u\bar{d}$$

$$\pi^- = d\bar{u}$$

$$\pi^0 = u\bar{u}$$

$$\pi^0 = d\bar{d}$$

Que podemos representar gráficamente obviando que la dimensión espacial es la misma y se compensa según el esquema:

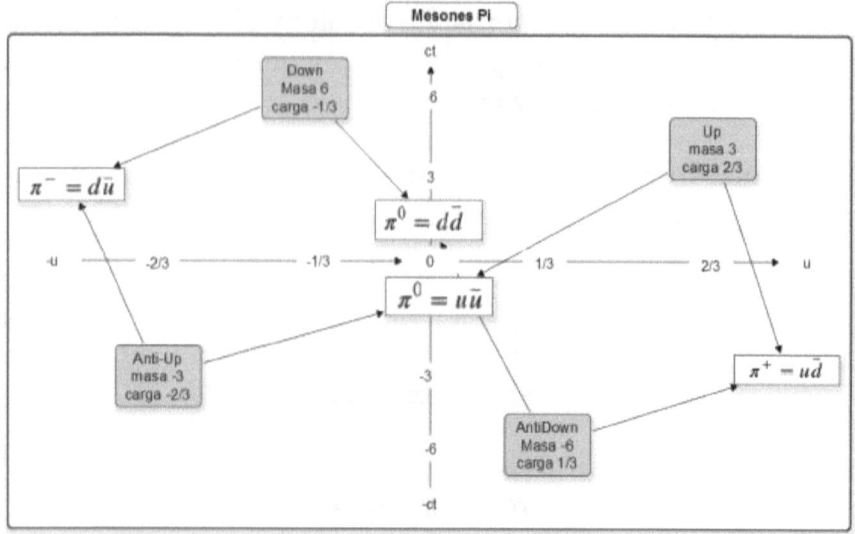

Esquema 26 Mesones Pi

Estas parejas de partículas tienen una vida media corta y 'decaen' transformándose en otras partículas.

Los mesones con carga eléctrica se transforman mediante la interacción débil habitualmente en un muón y un neutrino muónico (que son los sabores de la segunda generación del electrón y del neutrino):

$$\pi^+ \rightarrow \mu^+ + \nu_\mu$$

$$\pi^- \rightarrow \mu^- + \bar{\nu}_\mu$$

La primera transformación la podemos visualizar de la siguiente manera:

Tenemos un quark *up* y un anti-*down* cada uno con tres ramas.

Sobre el eje espacial s los colores se compensan y finalmente se anulan de forma que las partículas resultantes no son hadrones, desconocen las dimensiones espaciales.

Sobre el eje oculto u tenemos dos ramas de carga positiva (2/3 + 1/3) que suman uno.

Sobre el eje t tenemos dos ramas: una orientada a futuro del tamaño de la rama quark *up* (3) y otra orientada al pasado del doble de tamaño (6) del quark anti-*down*.

El resultado es un neutrino muónico sobre la dimensión t mirando al futuro y un anti-muón sobre t y u con cierta masa y carga unidad positiva.

Esto recuerda la rotación del quark *up* en *down* liberando un positrón y un neutrino electrónico (absorbiendo un electrón y un antineutrino) de la desintegración beta, pero a mayor escala.

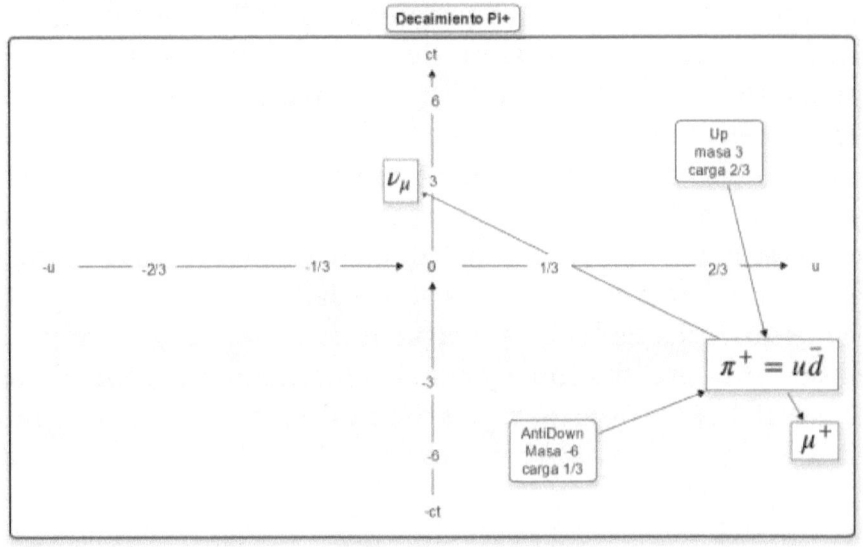

Esquema 27 Decaimiento Pi+

El caso del mesón pi⁻ es similar, los colores se anulan y se crean un antineutrino muónico y un muón normal (negativo como el electrón).

Pero el caso de los piones neutros es distinto porque al combinarse una partícula y su antipartícula los colores se anulan, las cargas se anulan, las masas se suman, pero están orientadas al revés…tenemos varios posibles resultados en forma de dos fotones (cada uno un plano sobre dos dimensiones espaciales con la masa transformada en energía), o dos pares electrón-positrón (sobre los ejes t-u) que recogen la masa y compensan las cargas o los casos mixtos.

$$\pi^0 \rightarrow 2\gamma$$
$$\pi^0 \rightarrow e^- + e^+ + e^- + e^+$$

Todas estas transformaciones se permiten mientras se conserven el conjunto de las propiedades de las partículas que interaccionan y las que se producen y por esto no pueden salir tres fotones, por ejemplo. Lo que se mantiene invariante son las dimensiones de las ramas y la suma de los espines, aunque intervengan dentro de un quark y se generen en un electrón. La interacción débil acompaña estas rotaciones de forma que al final las partículas resultantes quedan con las masas mínimas, pero mantienen el resto de las propiedades, aunque sobre partículas distintas. Es decir, las cargas de color, las cargas eléctricas, los espines, etc. se suman y restan y las masas y energías deben cuadrar. Dentro de estas reglas todo vale con distinta probabilidad.

8.17 La interacción débil y la oscilación de los neutrinos.

A continuación, seguiremos analizando cómo la fuerza débil transforma, además de lo ya visto, las partículas entre las tres generaciones, empezando por los neutrinos.

Los neutrinos son partículas unidimensionales a lo largo del eje del tiempo y por lo tanto con masa, aunque sea pequeña – menor que 1/500.000 la del electrón- acariciados por al *fluzo* del tiempo. Esto hace que sean inestables en el sentido de que van rotando al azar en su *fluzo*. Esto tiene dos consecuencias:

Estas rotaciones son indiferentes para la partícula porque, esté orientada como esté, su dimensión es el eje del tiempo t y ello define su pequeña masa y su resistencia al fluzo.

Pero para un observador, significa que la puede medir alineada con su sistema de referencia, alineada sobre u o alineada sobre s indistintamente.

Alineada sobre t su masa es m, alineada sobre u su masa es mayor y alineada sobre s aún mayor. Se trata de la misma partícula, pero nos proporciona tres proyecciones distintas que llamaremos generaciones, en este caso de los neutrinos.

Al neutrino normal le llamaremos electrónico, al neutrino sobre u neutrino muónico (que ya hemos mencionado antes) y al neutrino sobre s neutrino tauónico. Los neutrinos que llegan del sol, aunque nacen electrónicos se miden mezclados, porque su velocidad por el espacio depende de su masa que va cambiando y por consiguiente se van desfasando, formando a su llegada a la tierra una sopa de los tres tipos.

Un observador mide un neutrino con el sabor electrónico

cuando parece que la flecha el tiempo del observador y la del neutrino son paralelas (aparte de la posible rotación relativista derivada de la velocidad relativa entre ambos).

Un observador mide un neutrino con el sabor muónico cuando la flecha el tiempo del observador y la del neutrino parecen perpendiculares y concretamente el tiempo del neutrino parece estar sobre la dimensión oculta u del observador.

Lo mismo para cada dimensión espacial en el caso del neutrino tauónico.

Este mismo modelo se puede interpretar de la siguiente forma:

- El observador de un neutrino electrónico mide la curvatura de la dimensión t como masa.
- El observador de un neutrino muónico mide la curvatura de la dimensión u como masa.
- El observador de un neutrino tauónico mide la curvatura de una dimensión x, y, z como masa.

Por consiguiente, según esta interpretación, las tres generaciones de partículas no surgen de la rotación de la partícula, sino de la rotación de la percepción que tenemos de ellas.

Si se tratara simplemente de la rotación de la partícula estaríamos hablando de un cambio de partícula: Un neutrino lineal que sólo sufre la fuerza gravitatoria se convertiría en un 'electrino' que sólo sufriría la carga electromagnética o en un 'colorino' o 'espacino' sometido a la carga de color.

Sin embargo, lo que cambia en cada generación es la percepción que el observador tiene del neutrino. Los neutrinos de la segunda y de la tercera generación 'engañan' al observador exhibiendo como masa lo que es carga.

La proporción esperada de neutrinos debería ser de 1/5, 1/5, 3/5 en lugar de 1/3 para cada uno. Así:

Sabor	Proporción
Neutrinos electrónicos	1/5
Neutrinos muónicos	1/5
Neutrinos tauónicos	3/5

Esta proporción se deduce porque hay tres dimensiones espaciales frente a una dimensión oculta y a la flecha del tiempo.

Aunque la masa de los neutrinos es desconocida, incluso en el modelo estándar no tienen masa hasta la llegada del Bosón de Higgs, lo que sí podemos afirmar es que es probable que cumplan una versión de la fórmula de Koide (que veremos más adelante para los leptones con carga):

$$\frac{\left(m_{\nu_e} + m_{\nu_\mu} + m_{\nu_\tau}\right)}{\left(\sqrt{m_{\nu_e}} + \sqrt{m_{\nu_\mu}} + \sqrt{m_{\nu_\tau}}\right)^2} = \frac{2}{3}$$

En el numerador tenemos la superficie de tres cuadrados de lado raíz de cada masa, lo que podemos ver como que cada masa es una superficie bidimensional.

En el denominador tenemos la superficie de un cuadrado que tiene por lado la suma de las tres raíces de las masas.

Luego comparamos tres cuadrados de lado raíz de la masa con el cuadrado de lado la suma de las raíces:

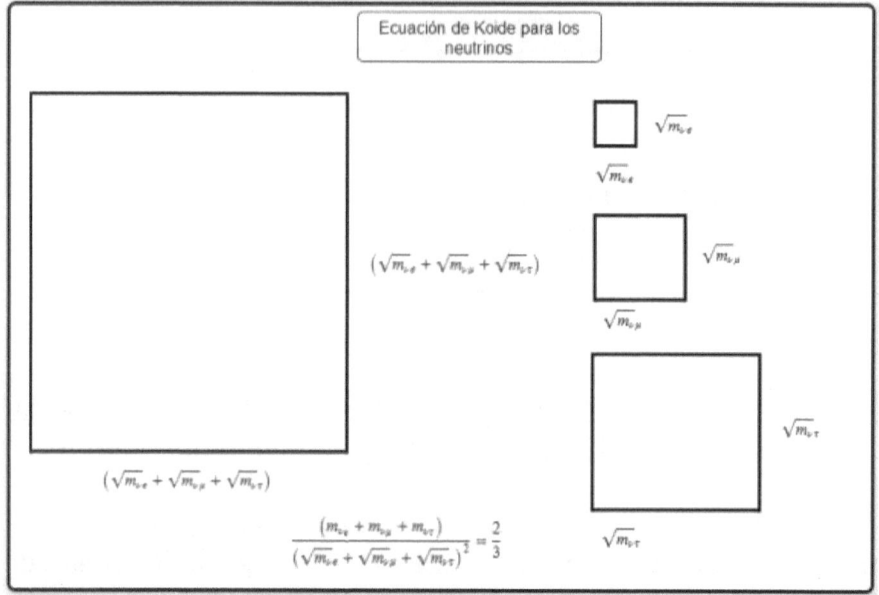

Esquema 28 La relación de Koide

Analizando la fracción, si las tres masas fuesen iguales, la fracción valdría 3/9, es decir 1/3. Si sólo hubiera la primera partícula, la fracción valdría 3/3, es decir 1. El valor real es justo el intermedio mostrando que la distribución de masas sigue una regla coherente oculta que reparte las tres masas para que se cumplan los 2/3, entre 1/3 y 3/3. Esta regla ha de tener sentido termodinámico. Probablemente esta relación surge de proyectar un objeto sobre menos dimensiones.

Por ejemplo, en dos dimensiones proyectadas sobre una, supongamos un rectángulo (una hoja de papel que nos muestran delante nuestro) de lado 10x5 y superficie 50.

Podemos verla entera 10x5, girándola de lado nos queda el lado 10 a la vista y girándola adelante nos queda el lado 5 a la vista.

Si sólo somos capaces de medir las longitudes por su efecto -una masa- que es el cuadrado de la longitud, aplicaríamos una fór-

¿Por qué no comprendes ni la relatividad ni la física cuántica? (Segunda

mula de tipo:

$$(100+25)/(10+5)^2 = 125/225 = 0,55$$

Si aplicamos el mismo planteamiento en tres dimensiones sobre una, para un paralelepípedo de 2x3x7:

$$(4+9+49)/(2+3+7)^2 = 62/144 = 0,43$$

Si se trata de un cubo de lado 5:

$$(25+25+25)/(5+5+5)^2 = 75/225 = 1/3$$

Si sólo hay una dimensión, la relación es 1.

La cuestión es ¿qué proporción se proyecta justo en medio, los 2/3?

Hemos establecido tres generaciones de neutrinos que oscilan de forma que, aunque se generen en laboratorio o en el sol neutrinos electrónicos, luego se miden los de las tres generaciones mezcladas.

Esta oscilación entre los neutrinos sucederá de forma similar para los electrones y para los quarks, pero de forma más compleja porque afectará a más dimensiones.

8.18 La interacción débil y el decaimiento a los electrones.

Si en lugar de los neutrinos (leptones sin carga) miramos los leptones con carga: el electrón, el muón y el tauón vemos que sus masas son una serie:

$$m_e = 0,5......m_\mu = 106......m_\tau = 1777$$

El electrón es una partícula elemental que posee una masa de 0,5 MeV y por lo tanto está sometido a la interacción gravitatoria, posee una carga eléctrica (-1) y por lo tanto está sometido a la interacción electromagnética pero no posee carga de color y por lo tanto no siente la interacción fuerte.

El muón es igual que el electrón con una masa de 106 MeV y el tauón es igual que el electrón con una masa de 1.777 MeV. Son la segunda y la tercera generación del electrón en el modelo estándar. Ambos, el muón y el tauón, son inestables y 'decaen' en otras partículas. Esto es lo que vamos a intentar describir en lo que sigue.

Los leptones con carga se transforman y a veces se rompen por culpa de la interacción débil, el fluzo del tiempo, en varios grandes procesos según la matriz de rotación PMNS (Pontecorvo–Maki–Nakagawa–Sakata), que expresa la probabilidad con la que el tauón se transforma en muón o electrón y el muón en electrón.

$$\tau^- \rightarrow \mu^-$$

$$\tau^- \rightarrow e^-$$

$$\mu^- \rightarrow e^-$$

El tauón de la tercera generación, se rompe liberando siempre un neutrino tauónico (de la misma tercera generación), y además se crean con estas probabilidades:

18% de veces un electrón y un antineutrino electrónico (I generación).

17% de veces un muón y un antineutrino muónico (II generación).

65% de veces en hadrones (formados por combinaciones de quarks y antiquarks).

El muón de la segunda generación, se rompe liberando un neutrino muónico (de la misma segunda generación), y además crea un electrón y un antineutrino electrónico.

Las partículas que resultan de estos procesos son más estables (duran más tiempo) y reducen de forma significativa su masa: las partículas de la segunda y de la tercera generación tienen una masa mucho mayor y duración menor. El tauón (1.777 MeV), por ejemplo, casi duplica la masa del protón (938 MeV).

Si miramos las masas, tenemos que en cada una de estas transformaciones se 'pierde' gran cantidad de masa, pero los neutrinos no justifican esta enorme disminución de masa. Hagamos un balance para la transformación del muón en electrón:

Partícula	Masa MeV
Muón	106
Neutrino muónico	<0,2
Antineutrino electrónico	Casi cero
Electrón	0,5

A la masa del muón, le restamos la masa del neutrino muónico emitido, le sumamos la masa del antineutrino electrónico y el resultado debería ser 0,5. Imposible.

8.19   LA FÓRMULA DE KOIDE.

Las masas de los leptones con carga (el electrón, el muón y el tauón) son una extraña serie que cumple la fórmula de de Koide de forma verificada y con gran precisión (es más, predijo la masa del tauón antes de ser detectado):

$$\frac{(m_e + m_\mu + m_\tau)}{\left(\sqrt{m_e} + \sqrt{m_\mu} + \sqrt{m_\tau}\right)^2} = \frac{2}{3}$$

Pensemos en un cuadrado de lado la unidad, y coloquemos dentro dos cuadrados más.

Supongamos que ambos son iguales, entonces tienen de lado ½ cada uno y su superficie ocupa la mitad del cuadrado externo.

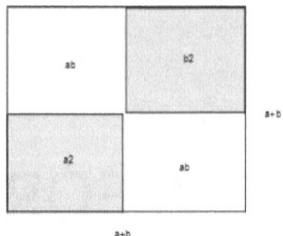

Ahora hagamos crecer el cuadrado a^2 de la izquierda, reduciendo el cuadrado b^2 de la derecha. En el límite, el cuadrado de la izquierda mide toda la superficie y el de la derecha queda anulado. La superficie de los dos cuadrados mide el cuadrado externo.

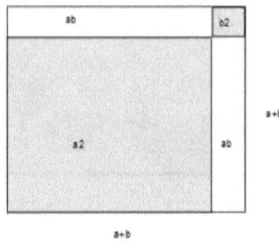

La superficie de los dos cuadrados en esta progresión pasa de 1/2 a 1 y existe un punto intermedio en el que la suma de la superficie de los dos cuadrados es ¾ de la superficie del cuadrado mayor (entre 2/4 y 4/4 tenemos ¾):

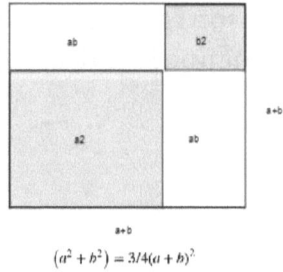

$$(a^2 + b^2) = 3/4(a + b)^2$$

Matemáticamente, tenemos que la superficie del cuadrado de

lado (a+b) es igual a la superficie del primer cuadrado más la del segundo más la superficie de los dos rectángulos ab que quedan fuera:

$$(a + b)^2 = a^2 + b^2 + 2ab$$

Cuando a=b, entonces cubren ½ del cuadrado externo, y cuando b=0, entonces cubren la totalidad del cuadrado externo.

Hagamos lo mismo con tres cuadrados dentro del cuadrado externo. Entonces tenemos que la suma de sus superficies va desde 1/3 (para a = b = c = 1/3) hasta todo el cuadrado externo (para b=0 y c=0). En esta progresión hay una proporción en que la superficie de los tres cuadrados es 2/3 de la superficie del externo.

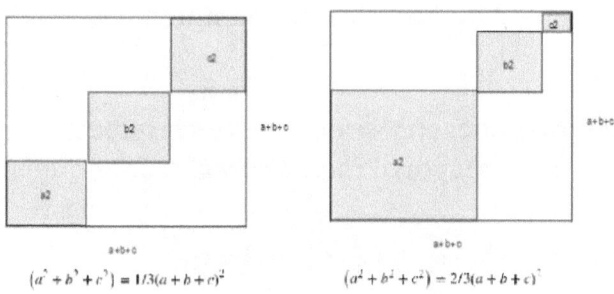

$$(a^2 + b^2 + c^2) = 1/3(a + b + c)^2 \qquad (a^2 + b^2 + c^2) = 2/3(a + b + c)^2$$

Para cuatro, tendríamos que van desde ¼ (para a = b = c = d = 1/4) hasta la totalidad del cuadrado exterior, y así sucesivamente.

Ahora bien:

En el caso de dos cuadrados, existe una combinación intermedia entre ½ y 1 que cubre ¾ de la superficie del cuadrado exterior.

En el caso de tres cuadrados, existe una combinación intermedia entre 1/3 y 1 que cubre 2/3 de la superficie del cuadrado exterior.

Pues bien. La fórmula de Koide indica que la relación entre las masas del tauón, el muón y el electrón es justo este último caso intermedio:

$$\boxed{\text{Fórmula de Koide}}$$

$$a = \sqrt{m_e} \qquad a^2 = m_e = 0,5$$
$$b = \sqrt{m_\mu} \qquad b^2 = m_\mu = 106$$
$$c = \sqrt{m_\tau} \qquad c^2 = m_\tau = 1.777$$

$$\left(\left(\sqrt{m_e}\right)^2 + \left(\sqrt{m_\mu}\right)^2 + \left(\sqrt{m_\tau}\right)^2 \right) = 2/3 \left(\sqrt{m_e} + \sqrt{m_\mu} + \sqrt{m_\tau} \right)^2$$

La suma de las tres masas es 1.884 y el cuadrado de la suma de las raíces de las masas es 2.826. La relación es con mucha precisión 0,666 (2/3).

Los tauones y los muones decaen y se convierten en electrones. Su masa salta del cuadrado mayor al mediano y al más pequeño.

8.20 La interacción débil y las tres generaciones.

En el acto de la medición de una partícula tenemos dos elementos: el sistema de referencia del experimentador y el sistema de referencia de la partícula. Entonces, la rotación de una partícula podría transformar carga eléctrica, carga gravitatoria o carga de color entre ellas y ello se debería percibir como una transformación de las propiedades de la partícula y, por lo tanto, de la partícula.

Por ejemplo, en el caso de la oscilación de los neutrinos, tenemos una partícula lineal, dispuesta sobre el eje del tiempo.

Si esta partícula rota y se dispone sobre una dimensión espacial se podría transformar en un gluón, pero habría perdido la masa.

Por ello debemos recurrir al postulado del transformador topológico de la percepción (TTP) que introduce un tercer elemento, una 'lupa', entre el objeto observado y el sujeto que toma la medición.

Supongamos que los tres neutrinos son una única partícula caracterizada por una masa. La segunda y la tercera generación son resultado de la deformación creada por el TTP sobre la medición de la masa del neutrino.

Si reconocemos que, aparte de la interacción débil, tenemos tres interacciones y tres generaciones, podemos sugerir lo siguiente:

Una posible interpretación de las generaciones de las partículas es considerar que se trata de una rotación no de la partícula sino de la percepción que tenemos de ella. Por ello:

Las partículas de la segunda generación son las mismas que las de la primera, pero la masa percibida resulta de una transformación de la masa de la primera por la intensidad de la carga eléctrica.

Las partículas de la tercera generación son las mismas que las de la primera, pero su masa percibida resulta de una transformación de la masa de la primera por la intensidad de la carga de color.

La segunda y la tercera generación de los leptones con carga es el efecto de medir la masa del electrón (I generación) con la intensidad de la carga eléctrica (II generación) o con la intensidad de la carga de color (III generación).

La segunda y la tercera generación de los neutrinos es el efecto de medir la masa del neutrino electrónico (I generación) con la intensidad de la carga eléctrica (II generación) o con la intensidad de la carga de color (III generación). A diferencia de la familia de los electrones y de la de los quarks, esta rotación es simple y por ello los neutrinos oscilan en lugar de decaer.

Ello establecería una posible relación entre las masas de las partículas, las constantes de acoplamiento entre las tres fuerzas y la fórmula de Koide.

8.21 La interacción débil y el decaimiento de los quarks.

Los quarks oscilan igualmente según la matriz CKM (Cabibbo–Kobayashi–Maskawa), que expresa la probabilidad de que cada quark decaiga en uno de la generación anterior.

Al igual que en los neutrinos y los electrones, tenemos que la probabilidad de estas transformaciones está definida por una matriz de todos contra todos, que se resume en cuatro parámetros.

En este caso recordemos que tenemos dos quarks, *up* y *down*, que implican una rotación uno del otro. La segunda generación son los quarks *charm* y *strange* y la tercera *top* y *bottom*:

Básicamente, se producen dos movimientos. Uno que ya hemos visto en la transformación del quark *down* en *up* en la desintegración beta, pero además se puede producir un cambio de generación de forma simultánea, es decir, un quark *strange* o *bottom* también puede convertirse en *up*. Lo que no sucede es un cambio de generación sin el giro.

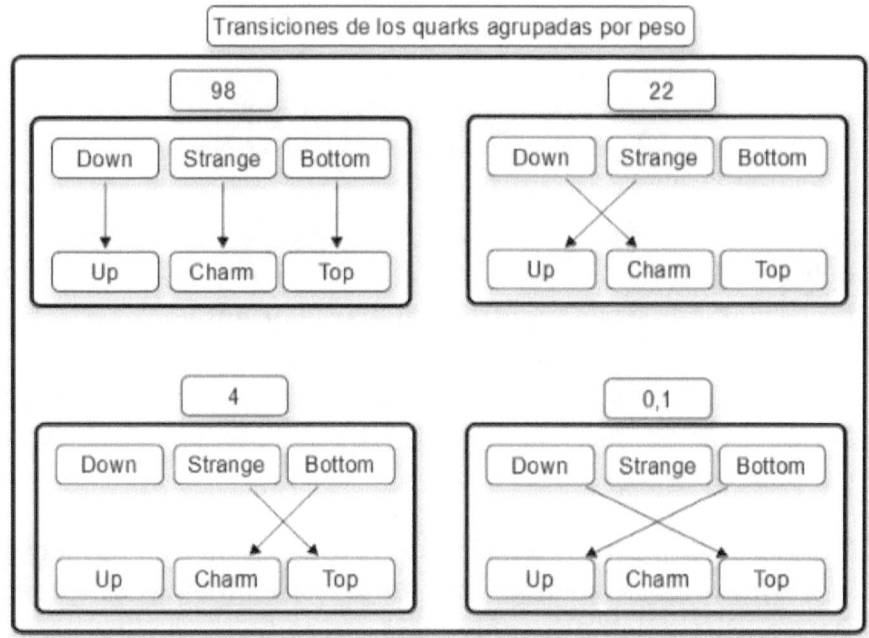

Esquema 29 El decaimiento de los quarks

Las transiciones implican siempre un giro de posición *down* a posición *up*, es decir, un quark *bottom* no cambia a *strange* o *down* manteniendo la carga. La carga pasa de -1/3 a 2/3 en todos los casos.

Igual que la desintegración beta libera un electrón y un neutrino electrónico, estas transiciones también liberan un par de leptones, pero de su generación. Muón y neutrino muónico para la segunda y tauón y neutrino tauónico para la tercera generación.

François Goffinet propone que las masas de los quarks también obedecen a la ecuación de Koide.

8.22 RESUMEN.

Cada partícula posee una orientación que llamaremos privilegiada en relación al observador, que es la orientación en la que es más fácil hallarla y medirla, es decir la orientación en la que la partícula acompaña al observador en el tiempo y sus dimensiones espacio (x, y, z), oculta (u) y temporal (t) están alineadas, cuando no se desplazan entre ellos, cuando decimos que están en reposo.

El universo próximo y clásico que conocemos inmerso en el límite de la velocidad de la luz, cumple básicamente esta premisa y a ello se le llama decoherencia, sin embargo, en los experimentos naturales o artificiales con partículas, esta premisa no es cierta, sean cuales sean sus consecuencias.

Las partículas que se crean en los aceleradores mediante colisiones o que se miden provenientes del sol y en general, las partículas que observamos no tienen por qué tener alineadas sus dimensiones x, y, z, t, u con las del aparato medidor.

La definición de movimiento es una rotación alrededor del eje u de la dimensión t sobre s, que transforma la medida del fluzo del tiempo en movimiento sobre el espacio.

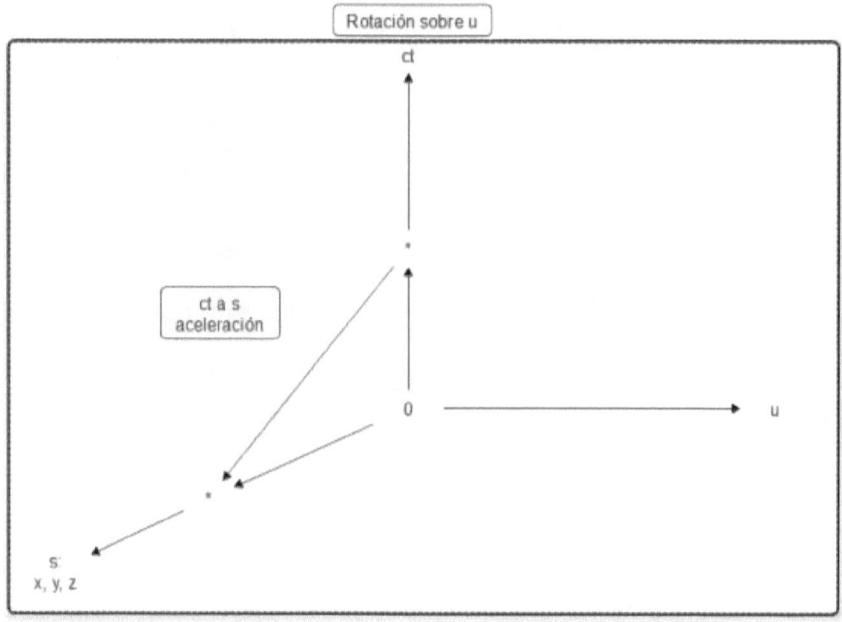

Esquema 30 El movimiento como una rotación sobre u

Podemos pensar que, de la misma forma, cabe la posibilidad de que la dimensión oculta u rote alrededor del espacio, sobre el eje del tiempo. El efecto es de deslocalización, en el sentido de que el objeto se vuelve lejano más pesado e inmanejable en relación al observador, pero no hay movimiento.

161

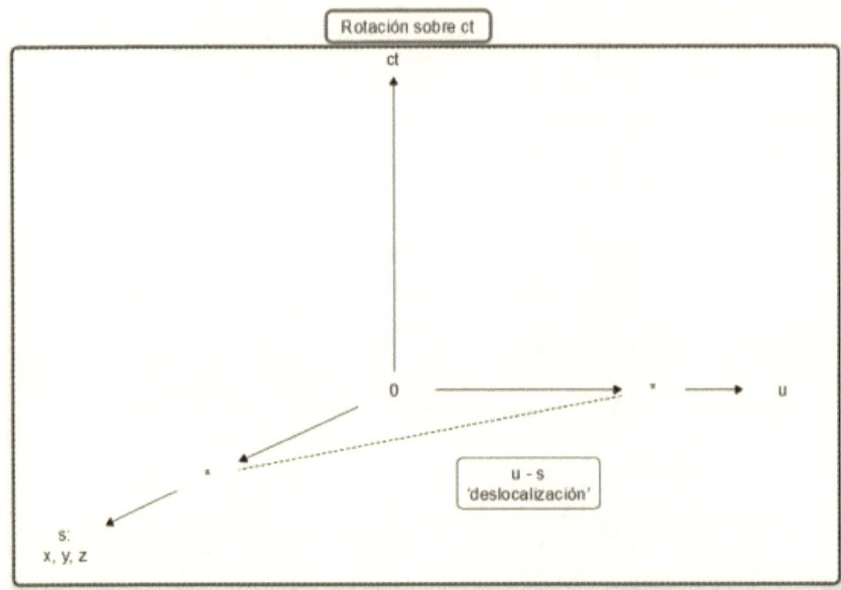

Esquema 31 La deslocalización como una rotación sobre t

Finalmente existe una tercera rotación alrededor del espacio s que transforma el eje del tiempo en movimiento sobre la dimensión oculta u. En este caso hay movimiento sobre la dimensión oculta u.

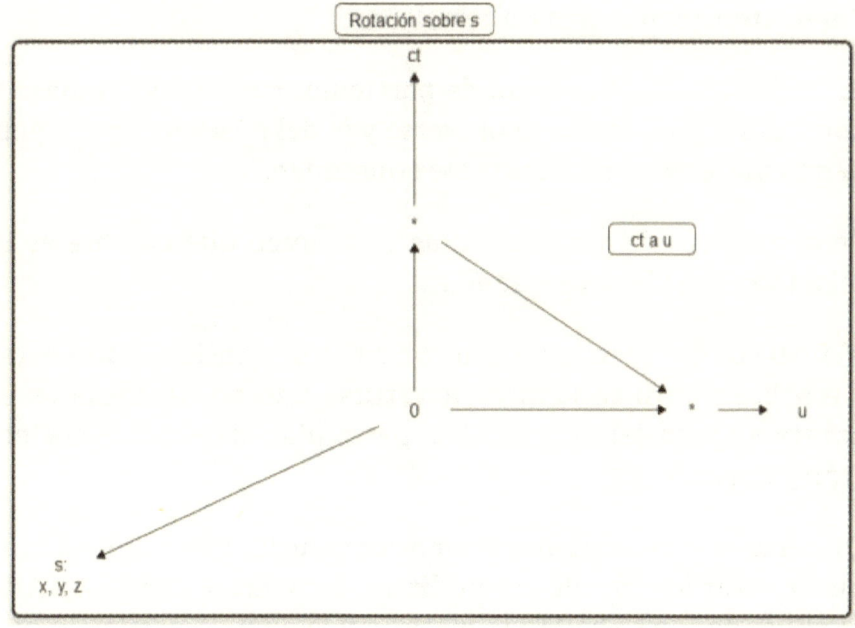

Esquema 32 La rotación sobre s

Consecuencia de ello es que como hemos visto, una misma partícula puede mostrar propiedades opuestas, como el electrón y el positrón según si su universo está alineado o no con el nuestro. Pero no son partículas distintas.

Por ello un neutrino, lineal sobre t, puede ser observado alineado con nuestro universo y se detecta como un neutrino electrónico. Sin embargo, puede ser medido cuando está rotado sobre la variable oculta u, en cuyo caso se trata de un neutrino muónico y puede medirse rotado sobre una dimensión espacial, en cuyo caso se trata de una partícula extraordinariamente pesada o neutrino tauónico.

Con el electrón, una superficie bidimensional, sucede otro tanto, de forma que cambian sus propiedades porque su universo no está alineado con el del observador. Se trata del muón y del tauón.

Por último, lo mismo pasa con el quark.

En todos los casos se trata de partículas con una gran masa y corta duración porque su universo y el del observador son perpendiculares y las curvaturas se confunden.

Pero son las mismas partículas y lo único que cambia es la relación con el experimentador.

Al final nos queda un universo con cinco dimensiones proyectadas sobre cuatro con cinco curvaturas, tres de ellas iguales, el constante paso del tiempo y tres partículas: el neutrino, el electrón y el quark *up*.

Que el universo tenga más dimensiones de las que reconocemos puede estar justificado termodinámicamente y además puede explicar dónde se hallan la materia y la energía oscura, lo que veremos a continuación.

9. GEOMETRÍA, MATERIA Y ENERGÍA OSCURA.

Que exista una dimensión oculta, aparte del tiempo y que el universo del observador no esté alineado al universo de la partícula y que la luz sea la manifestación del ritmo del paso del tiempo y la capacidad de movimiento, dan la oportunidad para que sucedan algunas cosas más que a primera vista parecen extrañas.

Una dimensión extra que no vemos, pero está, permite por ejemplo convertir una mano derecha en una mano izquierda. Sobre el papel no podemos girar la letra P de forma que el bucle esté arriba a la izquierda del bastón vertical. Para ello debemos girar el bucle sobre el bastón por encima del papel hasta que cae por la izquierda. La quinta dimensión permite hacer estos movimientos que de otra forma serían mágicos o prohibidos.

También permite que un objeto se comporte a veces como onda o como partícula según el experimento. Una partícula se comporta como una onda porque desconocemos su orientación real en el universo o/y porque realmente es irrelevante. Esta información oculta, pero real, hace que las partículas se nos muestren como una onda de probabilidad. Por el contrario, cuando medimos la partícula para conocer dónde está y hacia dónde se mueve, se alinean su s-t-u con el s-t-u del observador, y esta revelación colapsa la onda de probabilidad en un punto, la partícula, con el error de la constante de Planck.

Cuando proyectamos partículas en el experimento de la doble ranura sin mirar por dónde pasa la partícula, ésta se comporta como una onda porque la quinta dimensión le permite pasar por la quinta dimensión de las dos rendijas sin definirse. Sin embargo, al forzar la observación de por dónde pasa, alineamos por un instante el s-t-u de la partícula con el s-t-u del observador, obligando a la partícula a decidir el agujero por el que pasa. La observación colapsa la onda en una partícula.

El hecho de que el universo observable no coincida con el real, sino que se trate de una proyección con menos dimensiones, puede justificar también la cantidad de energía y de materia oscura en el universo. La materia conocida es el 4% de lo que debe existir en el universo, falta un 21% de materia oscura y un 75% de energía oscura.

El problema de la masa y la energía oscuras surge del análisis de los datos astronómicos respecto a la rotación de las galaxias o la expansión acelerada del universo y actualmente se busca por los astrónomos, pero en el fondo queda claro que existe un problema de apreciación. No tiene sentido buscar remotamente el 96% de lo que existe en el universo. Al revés, debemos buscarlo aquí: hay objetos locales que nos ignoran e ignoramos causalmente. Dicho de otra forma, el universo en el que estamos, con su flecha del tiempo puede coexistir de alguna forma con universos perpendiculares al nuestro, dentro de un espacio geométrico mayor. Aquí volvemos a topar con un posible límite de la física, pero estoy convencido de que no lo será. La idea es que la luz, cada fotón, puede ser cualquier objeto en un universo perpendicular al nuestro con su propia causalidad. Estos objetos nos pueden estar atravesando e ignorando, no ya como los neutrinos, sino de forma intrínseca. Un rayo de luz que se refleja en un espejo realmente está quieto para el observador adecuado y es otra cosa. Pueden existir mundos perpendiculares al nuestro para los que la única intersección con el nuestro sea la luz.

Digamos que sólo somos capaces de observar la materia y la energía en el ámbito que nos permite la rotación provocada por la velocidad de la luz. En un entorno de decoherencia, con nuestra alineación. Que la velocidad de la luz sea un límite a lo observable es porque rota los objetos hasta disponer su s-t-u en un espacio perpendicular a nuestro s-t-u, pero ello no quiere decir que no exista, sino que no lo podemos ver o lo vemos como otra cosa.

Los fotones (que no tienen masa en reposo ni carga electromagnética) quizás son electrones (con masa y carga) para otros observadores. Por lo tanto, podemos medir la materia (electrones) como energía (fotones) y viceversa.

Del 100% de las partículas del espacio de cinco dimensiones sólo el 4% tienen una alineación compatible con nuestro universo medible. Es el universo próximo decoherente. El 21% de la materia restante es materia oscura en la que 'falla' la dimensión t y el 75% es energía oscura en la que 'fallan' u y t a la vez.

Vamos a razonar de qué manera se podrían interpretar estos porcentajes. Si consideramos que el universo es una hiperesfera de cinco dimensiones, su 'volumen', su 'superficie' y su 'perímetro' vienen dados por las expresiones:

$$n = 5 \quad \rightarrow \quad V_5 = \frac{8\pi^2 r^5}{15} \quad \rightarrow \quad S_5 = \frac{8\pi^2 r^4}{3} = \frac{16}{3}V_4 \quad \rightarrow \quad P_5 = \frac{32\pi^2 r^3}{3} = 8\pi V_3$$

Una hiperesfera en cinco dimensiones es como una esfera en tres, que tiene su volumen, su superficie que es la derivada del volumen y lo que llamo su 'perímetro' que es la derivada de la superficie (o la derivada segunda del volumen, que es lo mismo). Para la esfera, las expresiones son las siguientes:

$$n = 3 \quad \rightarrow \quad V_3 = \frac{4\pi r^3}{3} \quad \rightarrow \quad S_3 = 4\pi r^2 = 4V_2 \quad \rightarrow \quad P_3 = 8\pi r = 4\pi V_1$$

Podemos proyectar la esfera de tres dimensiones sobre una superficie de dos y esta superficie sobre una línea de una dimensión. De la misma forma es posible hacer las proyecciones equivalentes desde del hipervolumen de la hiperesfera en cinco dimensiones, sobre su hiper-superficie de cuatro y lo que llamo su hiper-perímetro de tres, realmente una esfera. Si el radio se mide en metros, las unidades serían m^5, m^4, m^3, etc.

Si consideramos que el universo es una esfera de cinco dimensiones con una densidad homogénea, que se proyecta a un universo de cuatro que se proyecta a uno de tres, entonces la masa visible en la proyección de tres dimensiones es $1/(8\pi)$ la masa real del de 5 dimensiones (V^3/P^5), es decir un 4% del total.

Del resto, podemos diferenciar la proporción que se proyecta desde una hiperesfera de cuatro dimensiones sobre tres de la parte que se pierde en la proyección de cinco a cuatro. Así, para cuatro dimensiones tenemos:

$$n = 4 \quad \rightarrow \quad V_4 = \frac{\pi^2 r^4}{2} \quad \rightarrow \quad S_4 = 2\pi^2 r^3 = \frac{3\pi}{2} V_3 \quad \rightarrow \quad P_4 = 6\pi^2 r^2 = 6\pi V_2$$

Si consideramos una hiperesfera de cuatro dimensiones con una densidad homogénea, que se proyecta a un universo de tres, entonces la proporción de la masa del de cuatro dimensiones respecto a la proyección de tres dimensiones es $3\pi/2$ la masa del de 4 dimensiones, entonces la masa visible en la proyección de tres dimensiones es $2/3\pi$ la masa del de 4 dimensiones, es decir un 21% del total.

Tenemos así que de todos los objetos de un universo de cinco dimensiones (m_5) un 4% son directamente visibles en tres, un

21% se pierden en la proyección de cuatro a tres y el resto, el 75% se pierden en la proyección de cinco a cuatro. A estos últimos los llamamos energía oscura, a los anteriores, materia oscura y a los primeros materia visible.

$$m_5 = 8\pi m_3 = m_3 + \frac{3\pi}{2} m_3 + \left(\frac{13\pi}{2} - 1 \right) m_3$$

(Adaptado de Yul Gonçalves en http://materiayenergiaoscura.blogspot.com.es/)

El universo real es 8π veces mayor que el universo medible. Sin pretender ser preciso, voy a poner un símil: si vemos una película sobre una pantalla en dos dimensiones y obtenemos unas leyes que nos permiten predecir el futuro del protagonista, que en general funcionan bien estableciendo unas parámetros arbitrarios, pero de repente descubrimos que la masa de los protagonistas no depende de su superficie sino que depende de una tercera dimensión de la que no conocemos su valor, o sólo la conocemos cuando se colapsa o desplaza, porque entonces asoma su relieve a costa de perder su superficie en reposo....

Yul Gonçalves, justifica además la elección de cinco dimensiones en base a un criterio termodinámico: un universo de cinco dimensiones proporciona el máximo volumen a la hiperesfera de radio unidad. La hiperesfera de cinco dimensiones es la hiperesfera que para un radio unitario maximiza el volumen. Cinco dimensiones permiten un universo necesario y suficiente para contenernos. Más dimensiones son innecesarias y menos harían un universo demasiado simple. Extraordinario.

La búsqueda de la materia oscura parece un problema de los cosmólogos, puesto que su existencia se deduce observando el comportamiento de objetos lejanos en el espacio. Por esta razón, es un problema que se aborda desde la astronomía, la cosmología, el *Big Bang* y las galaxias lejanas. Pero eso es un error.

Uno de los supuestos habituales y saludables de los cosmólogos, es que el universo es homogéneo. Debe ser el mismo aquí que en una galaxia lejana, al menos en cuanto a las leyes físicas. Pensar que en una galaxia lejana hay tanta materia oscura y que en la Vía Láctea no es así, es por lo menos sospechoso. Nuestra galaxia no debería ser especial en relación a las más lejanas.

Otra manera de verlo, a partir de la interpretación que hemos hecho en un capítulo anterior de la colisión electrón - positrón, es que un observador mide cómo se transforman un electrón y un positrón en dos fotones. Pero, el electrón, el positrón y el fotón pueden ser la misma partícula. No hay transformación, son lo mismo. Sólo cambia la orientación de las partículas elementales en relación al observador. Entonces podemos extraer el siguiente corolario: existen tres observadores 'independientes' para los cuales el mismo objeto es un electrón o un positrón o un fotón a la velocidad de la luz. Por lo tanto, cualquier observador es 'ciego' a gran parte de la masa del universo y también a gran parte de la energía, porque cualquier universo físico –medible- es una proyección parcial de un universo mayor.

Dicho de otra manera, existe al menos un observador para el cual la luz con la que leemos este texto es materia, y para este observador su futuro y su causalidad son independientes (ortogonales, perpendiculares) de los nuestros y este observador está aquí mismo. Más que estar, quizás pasa.

En el universo clásico la flecha del tiempo es única, en el universo relativista 'habitual' las flechas del tiempo de experimentadores y sucesos están 'bastante' alineadas, pero un observador lejano de otra galaxia puede 'malinterpretar' sus observaciones de nuestra galaxia porque su flecha del tiempo no está alineada a la nuestra e incluso puede ser perpendicular (por ejemplo, desde un agujero negro).

Por consiguiente, el problema de la materia y la energía oscura es un problema de perspectiva. De observador. Están aquí, pero su disposición es ortogonal a nuestro universo. En lugar de universos paralelos, a partir de ahora deberíamos hablar de universos entrecruzados.

La dificultad que plantea esta propuesta de materia y energía oscura es que crea un problema mucho mayor que el que pretende resolver. Si la materia, la antimateria y la materia oscura son exactamente lo mismo, pero con flechas del tiempo rotadas, es decir, si la flecha del tiempo es propia de cada objeto del universo, entonces la causalidad, al menos a nivel de partículas, no existe. Y esto sí que es sorprendente.

En fin, veamos dónde estamos.

10. ALGUNAS RESPUESTAS.

- El principio de incertidumbre es cierto en dos sentidos: Falta de precisión en las medidas e invisibilidad de la dimensión oculta que colapsa en la medida.
- Superposición y colapso. El gato de Schrödinger. Colapsa la dimensión oculta.
- El experimento de la doble ranura. La dimensión oculta permite, cuando nadie mira, a las ondas pasar por las dos ranuras y cuando alguien mira las colapsa y obliga a la partícula a decidir.
- La dualidad onda – partícula. Lo mismo
- El no-determinismo y la causalidad. Cierto desde dentro del universo. Hay que 'salir' para determinar el futuro.
- La decoherencia surge de la alineación de la flecha del tiempo de los fenómenos clásicos
- El entrelazamiento de partículas no transmite información a mayor velocidad que la luz, sino que conocida la orientación de la dimensión oculta de una partícula se conoce la otra.
- La energía del vacío es consecuencia directa de una temperatura 'ampliada' o de la energía de la interacción débil que resulta del fluzo del tiempo que resulta de la velocidad de la luz que puede ser una constante universal o un parámetro variable.
- El efecto túnel nace de nuevo de la existencia de una dimensión oculta.

- La ecuación $E=mc^2$ narra la doble rotación del sistema de referencia de una partícula en relación al observador.
- El zoo de partículas queda reducido al neutrino más el gluón, el fotón y el bosón de Higgs. El resto son rotaciones y agregaciones.
- Las tres generaciones de partículas son rotaciones no ya de la partícula sino de su sistema de referencia.
- La teoría no unificada: la gravedad es coherente con el resto de las interacciones.
- La renormalización es necesaria si no se tiene en cuenta que las rotaciones generan infinitos cada vez que se produce una perpendicularidad.
- Los parámetros del modelo estándar emanan de la velocidad de la luz, la constante de Planck, y las curvaturas, pero las masas se justificarán entre ellas.
- Últimas piezas indivisibles: Son el neutrino, el electrón y el quark up, con uno, dos, tres hilos perpendiculares que quizás se reducen al primero.
- La teoría unificada debe contemplar que el mundo medible está incompleto.
- La velocidad de la luz es probablemente uno de los parámetros que gobiernan todos los demás.
- La paradoja de los gemelos. La única diferencia entre el gemelo tranquilo y el viajero es la aceleración. El gemelo dinámico dobla el s-t-u y ello le mantiene joven mientras que el gemelo estático no sufre aceleraciones y por consiguiente su tiempo sigue inexorable.
- El problema del tiempo queda acotado con el fluzo, aunque cree problemas de causalidad y determinismo a la escala cuántica.
- Entre la simultaneidad y la relatividad no hay problema.
- El ritmo de la expansión del universo depende del fluzo y de la constancia de la velocidad de la luz.
- La energía oscura existe, aunque doblemente perpendicular a nuestro universo medible.

- La materia oscura está, aunque perpendicular a nuestro universo medible.

El universo presente es una sección temporal de cuatro dimensiones, tres espaciales y una oculta curvadas que conjuntamente determinan los huecos en los que se colocan los fermiones.

La interacción débil es el efecto del paso del tiempo sobre este espacio.

Todos los fermiones se reducen al neutrino electrónico. Dos neutrinos perpendiculares forman un electrón. Tres neutrinos perpendiculares forman un quark *up*. Un quark *down* es la imagen especular rotada de un quark *up*, una forma de su antipartícula.

Las tres interacciones fundamentales corresponden a la vibración del espacio (gluones), de la dimensión oculta (fotones) y del tiempo (masa). La relación entre ellas son las constantes de acoplamiento que condicionan las masas de las tres generaciones de partículas.

La segunda generación son las partículas de la primera con la masa multiplicada o transformada por la carga eléctrica.

La tercera generación son las partículas de la primera o la segunda con la masa multiplicada o transformada por la carga de color.

La antimateria es la materia con el sentido del tiempo invertido.

Sólo existe un movimiento constante, permanente y común a todos los objetos que es el paso del tiempo c Km cada segundo.

La dirección y el sentido del tiempo son propios de cada objeto.

Los giros crean el desplazamiento relativo entre ellos.

Los objetos que viajan juntos alinean sus sistemas de referencia y comparten la causalidad y la estadística termodinámica.

Las fuerzas son curvas de las dimensiones que provocan inter-acciones que son rotaciones de los objetos para acomodarse en ellas y viajar juntos en el tiempo.

11. EPÍLOGO.

Leer *El camino a la realidad* de **Roger Penrose**, también en Amazon, me ha animado a avanzar en este modelo por la profunda desorientación que transmite al final del texto sobre las propuestas modernas de los físicos para calzar el inventario de fuerzas y partículas en un todo coherente: la búsqueda de la teoría del todo. Es un texto profundo, más matemático que físico, parte con seguridad de la matemática y se va adentrando en los modelos que se ajustan ad-hoc para que sean compatibles con la física, por ejemplo, mediante la renormalización o la incorporación de nuevas dimensiones hasta once.

Esta descripción del universo no es definitiva, pero se justifica por la seguridad que tengo de que el universo es un objeto matemático, simple, comprensible, lógico, consistente, incompleto, necesario y suficiente para que en su interior existan elementos que lo comprendan y sean capaces de recrearlo.

Que el universo sea incompleto proporciona un hueco a Dios. Que el universo sea consistente impide que un objeto sea dos cosas a la vez: Será un tercer objeto no observable. Que la causalidad no forme parte de la medición revela un universo indeterminado, pero sólo para sus criaturas.

En fin, las limitaciones físicas son sólo un reto para seguir avanzando en la comprensión del mundo y sobre todo de nosotros mismos, que al fin y al cabo es lo único que importará para nuestra supervivencia.

12.   REFERENCIAS.

http://eltamiz.com/ de Pedro Gómez-Esteban. Excelente web de divulgación.

http://materiayenergiaoscura.blogspot.com.es/ de Yul Gonçalves. Justifica las proporciones entre la materia, la materia oscura y la energía oscura.

http://naukas.com/ La ciencia de la Mula Francis (Francisco R. Villatoro) y en general toda la web, el mejor portal de ciencia para todos en español.

https://cuentos-cuanticos.com/tag/carga-de-color/ Enrique F. Borja también es colaborador de Naukas. No confundir el libro de Amazon del mismo título y otro autor

https://mati.naukas.com/2013/10/01/27-kilometros-para-entender-la-masa/ de Clara Grima también desde Naukas.

http://www.investigacionyciencia.es/blogs Desde 1975 la revista es la mejor manera de estar al día sobre ciencia. Los blogs son una oportunidad menos formal de exponer ciencia y opinión.

Desayuno con partículas de **Sonia Fernandez-Vidal** en Amazon. Fácil de leer, plantea las cuestiones candentes de la física profundizando en el desencanto y la resignación como una forma de sorprender.

El camino a la realidad de **Roger Penrose** en Amazon. Probablemente el texto más exhaustivo con voluntad de divulgación que he leído, no apto para todos los públicos. Parte de los números naturales, los enteros, los reales, los complejos, la geometría... un potente manual de álgebra y cálculo que le permiten sentar las bases matemáticas del modelo estándar y al final discutir la validez de las teorías de cuerdas y las propuestas modernas para simplificar este caos aparente.

Relatividad especial sin fórmulas de **Pedro Gómez-Esteban González** en Amazon. Junto con su web y el resto de sus libros, uno de los mejores sitios para entrar suavemente en la física moderna.

Las ecuaciones de Maxwell de **Pedro Gómez-Esteban González en** http://eltamiz.com/

13. ÍNDICE DE ESQUEMAS

14. ÍNDICE DE TABLAS

FIN

www.ingramcontent.com/pod-product-compliance
Lightning Source LLC
Chambersburg PA
CBHW021817170526
45157CB00007B/2616